目 录

YUZHOU JIAZU CHENGYUAN DABIPIN

行星世界大观

  "行星"一词的由来已无从考证，在古希腊语中意谓"流浪者"，中国古代称之为"五行""游星""惑星"等等。这些称呼形象地体现了行星在天穹"四处流浪"的特征，以区别固定不动的恒星。从古至今，人类依靠不断进步的天文观测技术，已发现了1000多颗系外行星。

  人类有关行星的最新消息是美国国家地理网站发布的，科学家发现的围绕一颗距离地球375光年的恒星运行的两颗巨大的行星，是迄今为止发现的最古老的外星世界。据估计，已经有128亿岁的主星及其两颗行星可能是在宇宙刚刚诞生时形成的，发生在宇宙大爆炸之后不超过10亿年。科学家们估计，茫茫宇宙中每两颗恒星中就有一颗拥有行星，大约每200颗恒星就能找到一颗行星处于宜居带。并且这只是最保守的估计，很多恒星拥有不止一颗行星。由此可以想见，我们已知的行星与未知的行星数量上相差多么悬殊！但这并不妨碍我们对行星的认知。

行星形成的理由

引力吸积说

  今天地球和其他类地行星基本上是固态的，所以只能是由固体质点和固体块集聚形成的。类地区里由于温度高，气物质和冰物质绝大部分都挥发掉了。

天王星和海王星也是固态的，但大部分是冰，最多的是水冰和水化氨冻结成的冰。木星和土星的核心部分是由土物质和冰物质组成的固体，中部和外部是液态的，中部主要是金属氢，外部主要是分子氢。

尘粒在星云盘内气体中，下沉时就已开始集聚了，它们一边下沉，一边集聚。这是行星形成过程的初始阶段，尘粒的集聚只能靠碰撞。尘粒之间有相对运动速度，包括热运动和随着气体湍流的运动。如果两颗尘粒大小差不多，相碰时可能碰碎，但也可能是一颗尘粒和另一颗尘粒的一部分（碎块）结合起来。如果大小相差很多，那么，碰撞的结果常会是较小尘粒的全部或一部分被较大的尘粒吃掉。当尘粒长大到不能再称为尘粒而应当称为星子时，大的星子遇到小的星子或尘粒，就更容易把它们吃掉。这个过程叫作碰撞吸积。由于运动和碰撞的随机性，由尘粒形成的星子在大小方面可以相差很多。尘层形成后，由于密度增大，碰撞会更加频繁，星子就长大得更快。那时，在今天每个行星所占据的区域里总会出现一个最大的星子，这样的星子便是行星的胚胎，称为行星胎。如果最大的星子不久以后在碰撞中被碰掉了相当大的一部分，不再是最大星子了，那么原来第二大的星子就升上来，成为行星胎。

当行星胎半径大到 1 千米左右时，它的质量已经大到需要考虑它对星子的吸引了。在这以前，集聚只靠碰撞，只有星子碰到行星胎时才会被吃掉；现在，只要星子接近行星胎到一定距离，它的运动方向就会由于行星胎的吸引而弯曲，逐渐接近行星胎，最后被吃掉。行星胎的生长主要靠引力，称为引力吸积。在一段时期内，碰撞吸积和引力吸积都起作用；以后，引力的作用便大大超过碰撞的作用，只需要考虑引力吸积了。

星子的平均半径越大，空间密度（单位空间体积内星子的数目）就越小。由于星子运动的随机性，从一个局部范围看，星子的分布可以很不均匀，每个星子常会处于一个不对称的引力场中，从而受到加速。所以，随着星子的增大，星子间的相对速度不是减小，而是缓慢地增大。星子是由尘粒形成的，原来的尘层已不能再称为尘层，而应当改称为吸积层。

星子都在绕太阳公转，所以它们之间的引力相互作用既会改变速度，也会改变公转椭圆轨道的偏心率和倾角。在今天的地球轨道处，轨道偏心率等于 0.04 的星子之间可以出现大到每秒 60 米的相对速度。今天小行星的轨道偏心

YUZHOU JIAZU CHENGYUAN DABIPIN

率平均为 0.14，它们之间的相对速度大到约每秒 3 千米。

在类地行星区里的气物质和冰物质都挥发掉以后，只剩下土物质，而在土物质的星子集聚成行星以后，就再没有剩下多少东西了。在木土区里，固态的尘粒和星子集聚成行星的固态核，当其质量增大到 10^{25} 克数量级时，固体核便开始吸积周围的大量的气物质，使它们成为行星的一部分。由于压力大，气体被压缩成液体，所以，木星和土星的外部是液体，其中主要成分是氢，氢和氦占了这两个行星质量的绝大部分。这样，木星和土星的体积和质量就比其他 6 个行星大得多，但平均密度却比其他 6 个行星小。在天海区里，由于离太阳远，太阳的吸引力微弱，逃逸速度小，气体逐渐逃逸掉了。气体的逃逸是很慢的，但由于星云盘里离太阳越远的物质越稀薄，所以天海区里物质的密度比木土区和类地区都小得多，行星的形成过程进行得很慢，所以当天王星和海王星长大到足够吸积气体时，气体已经跑光了。所以，天王星和海王星的体积和质量比木星和土星小，除大气以外，整个是固体，大部分是冰。

施密特于 1945 年计算出，地球的形成过程用了 70 亿年的时间。后来，他的学派的一个成员指出，施密特在计算时忽略了引力吸积，才得到这样长的时间。如果考虑引力吸积，则地球的形成只需要 1 亿年左右的时间。魏札克和霍意耳等也计算出行星形成所用的时间在 1 亿年左右。近年来，人们认识到星云盘里的尘埃会沉到赤道面邻近，使密度增加，从而使行星的形成过程大大加快。但是，不同的人得出的行星形成的时间很不一样，有短到几千年的，也有长到几千万年的。这个问题需要进一步研究，星云盘外部的物质密度比内部小，所以越靠近太阳的行星形成得越快：水星最先形成，海王星最后形成。我们应当对不同的行星分别定出其形成所用的时间。

黑洞喷射说

除了上述的行星形成理论以外，还有最新的行星形成的理论认为行星是从黑洞中产生的，并为此找到了确凿的证据：银河系

黑洞

中央的小型黑洞能够超速喷射行星。在此之前，科学家认为只有特大质量的黑洞才能以超速喷射行星。

研究人员称，实际上小型黑洞要比特大质量黑洞喷射更多数量的行星。1988 年，美国洛斯阿拉莫斯国家实验室物理学家杰克·希尔斯预言，银河系中央的特大质量黑洞能破坏双子行星平衡，束缚一颗行星，并以超高速将另一颗行星喷射出银河系。自 2004 年以来，天文学家共发现了 9 颗被特大质量黑洞高速排斥的行星，他们推测这种特大质量黑洞的质量是太阳的 360 万倍。然而，美国哈佛—史密森天文物理中心的赖安·奥利里和阿维·利奥伯从事的研究表明，银河系中央许多小型黑洞喷射出大量行星。

黑洞喷射

这些小型黑洞的质量大约只有太阳的 10 倍，一些研究认为，银河系中央至少有 25000 个小型黑洞围绕在特大质量黑洞附近。当某些小型黑洞将行星喷射出银河系时，它们会进一步地靠近特大质量黑洞。利奥伯说："小型黑洞比特大质量黑洞喷射行星的速度更快！研究被喷射行星的轨迹和速度，将有助于天文学家测定多少黑洞会喷射行星，以及它们是如何喷射行星的。"同时，他们也承认开展此项研究是很不容易的，现有的太空望远镜无法观测到银河系中央特大质量黑洞区域，该区域浓缩存在着许多小型黑洞。

研究人员推测，被特大质量黑洞喷射的行星速度达到 709 千米/秒，它们在银河系引力束缚下速度可能会更慢，估计这些行星被喷射时的初始速度达到 1200 千米/秒。然而，被小型黑洞喷射的行星速度要更快，行星在小型黑洞的排斥作用下，速度可达到 2000 千米/秒，从而脱离银河系。

知识点

引 力

　　任意两个物体或两个粒子间的与其质量乘积相关的吸引力，是自然界中最普遍的力，简称引力，有时也称重力，在粒子物理学中则称引力相互作用，它和强力、弱力、电磁力合称四种基本相互作用。引力是其中最弱的一种，两个质子间的万有引力只有它们间的电磁力的 $1/10^{36}$，质子受地球的引力也只有它在一个不强的电场（1000 伏/米）受到的电磁力的 $1/10^{10}$。因此，研究粒子间的作用或粒子在电子显微镜和加速器中运动时，都不考虑万有引力的作用。一般物体之间的引力也是很小的，例如两个直径为 1 米的铁球，紧靠在一起时，引力也只有 1.14×10^{-3} 牛顿，相当于 0.03 克的一小滴水的重量。但地球的质量很大，这两个铁球分别受到 4×10^{4} 牛顿的地球引力。所以，研究物体在地球引力场中的运动时，通常都不考虑周围其他物体的引力。天体如太阳和地球的质量都很大，乘积就更大，巨大的引力就能使庞然大物绕太阳转动，引力就成了支配天体运动的唯一的一种力。恒星的形成，在高温状态下不弥散反而逐渐收缩，最后坍缩为白矮星、中子星和黑洞，也都是由于引力的作用，因此引力也是促使天体演化的重要因素。

延伸阅读

　　洛斯阿拉莫斯国家实验室位于美国新墨西哥州的洛斯阿拉莫斯，1943 年成立，以研制出世界上第一颗原子弹而闻名于世。洛斯阿拉莫斯是一个当之无愧的科学城和高科技辐射源。实验室在二战期间由罗斯福总统倡议建立，一直由加利福尼亚大学负责管理。这里云集了大批世界顶尖科学家，目前共有 1.2

万名雇员，每年经费预算高达 21 亿美元。物理学家奥本海默是实验室的第一任主任。世界上第一颗原子弹和第一颗氢弹都在此诞生，使这个实验室蜚声海内外。

该实验室是一所由美国能源部与加利福尼亚大学联合管理的多计划研究机构。其研究工作分两大类：武器研究，包括开发满足目前军事需要的核弹头，设计试验先进技术方案，以及通过相关科学技术领域的实验与理论研究，维持一项创新性武器研究计划；非武器研究，包括核裂变、核聚变、中等物理加速、超导、生物医学、非核能及基础能源科学等。

行星的类别

行星的定义

如何定义行星这一概念在天文学上一直是个备受争议的问题。国际天文学联合会大会 2006 年 8 月 24 日通过了"行星"的新定义，这一定义包括以下三点：①必须是围绕恒星运转的天体；②质量必须足够大，它自身的吸引力必须和自转速度平衡使其呈圆球状；③必须清除轨道附近区域，公转轨道范围内不能有比它更大的天体。

此定义仅适用于太阳系内的行星，所有的太阳系外行星被排除在外。在 2001 年国际天文学联合会针对太阳系外行星做以下定义（2003 年有修订）：

1. 物体的真实质量在能进行氘聚变的热核反应极限之下（目前的计算相当于是 13 个木星质量的太阳系物质），环绕着恒星的天

行　星

体是行星（不考量形成的方式）。最低的外太阳系行星质量、尺寸应该等同于太阳系内的行星。

2. 次恒星的真实质量应该在能进行氘聚变的热核反应极限之上，无论是如何形成或位于何处，称为褐矮星。

3. 在年轻星团中的自由天体，质量低于氘聚变极限之下的不是行星，但归类为次褐矮星（也可以是其他任何被认可的名称）。

依据上述的两个标准，

褐　矮　星

我们可以将已发现的行星，分别以太阳系内行星和太阳系外行星两大类做简单的介绍。

太阳系内行星

类地行星（包括水、金、地、火）、巨行星（木、土）及远日行星（天王、海王）。矮行星或称"侏儒行星"，体积介于行星和小行星之间，围绕太阳运转，质量足以克服固体应力以达到流体静力平衡（近于圆球）形状，没有清空所在轨道上的其他天体，同时不是卫星。矮行星是一个新的分类，定义的标准尚不明确。

于 2006 年 8 月 24 日在捷克首都布拉格举行的第 26 届国际天文学大会中确认了矮行星的称谓与定义，决议文对矮行星的描述如下：1. 是轨道绕着太阳的天体；2. 有足够的质量以自身的重力克服固体应力，使其达到流体静力学平衡的形状（几乎是球形的）；3. 未能清除在近似轨道上的其他小天体；4. 不是行星的卫星，或是其他非恒星的天体。在行星的基本定义上，科学家们大致上认同这样的说法：直接围绕恒星运行的天体，由于自身重力作用具有球状外形，但是也不能大到足够让其内部发生核子融合。

矮行星是太阳系外围较小的天体，或称为小行星。在行星的基本定义上，

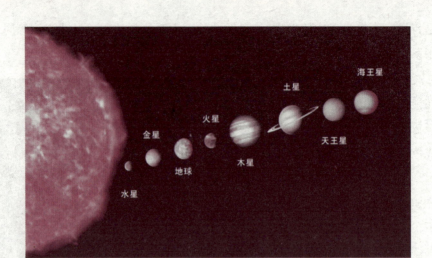

太阳系八大行星

科学家们大致上认同这样的说法：直接围绕恒星运行的天体，由于自身重力作用具有球状外形，但是也不能大到能清除在近似轨道上的其他小天体。

小 行 星

但是实际上，最终的定义会比这复杂得多，有的天文学家倾向于把太阳系外围较小的天体称作"矮行星"，而另外一些人则愿意把它们叫作"小行星"或者"柯伊伯带行星"，还有一些人则根本不想用到行星这个词。

相信矮行星的数目会很多，随着观测手段的不断进步，会发现越来越多的矮行星。在布拉格举行的国际天文学联合会第26次会议上，国际天文学联合会术语委员会已正式决定以后不再称冥王星为行星，而是称其为"矮行星"。

矮行星的特点是外幔和表面由冰冻的水和气体元素组成的一些低熔点的化合物组成，有的其中混杂着的一些由重元素化合物组成的岩石质的矿物质，厚度占星体半径的比例相对较大，但所占星体相对质量却不大，内部可能有一个岩石质占主要物质组成部分的核心，占星体质量的绝大部分，星体体积和总质量不大，平均密度较小。一些大行星的卫星也具有这种类似冰矮星的结构。

像木卫二、三、四，土卫一、六等，对于行星级的冰矮星来讲，最大的是齐娜，直径大约 2400 千米，最小的是卡戎，直径约 800 千米左右。像谷神星这样的距太阳较近的行星，表面的冰物质主要是水，而冥王星和卡戎的表面冰物质主要是水和熔点更低的甲烷、氮、一氧化碳等物质。过去曾将这些矮行星算作小行星中的一类，直到 2006 年才将它们从一般小行星中分离出来，划作单独的一类，称为矮行星，并把冥王星和冥卫一归入其中。

矮行星的这种星体结构和它产生的地处太阳系外围的低温环境，和自身的质量有关：一方面，太阳的温度不足以将它们的由气体元素组成的低熔点物质驱散；另一方面，它们自身的原始质量较小，星体本身不能将氢、氦等较轻的轻元素气体束缚住。

矮 行 星

但星体收缩产生的热量也不能将较重一些的气体元素组成的化合物如水和碳氢化合物等完全驱散，而会保留下一部分；同时它的足够的引力又使它足以形成分层的物质结构，使较轻的物质浮于较重的由重元素组成的岩石质物质的表面，并随着星体以后的冷却，在表面上凝固下来，因此，会形成具有这种物质结构的星体。

冥王星

冥王星曾被认为是离太阳最远的一颗大行星，它绕太阳运行一周历时 248 年之久，平均速度每秒只有 3.0 英里。它距离太阳大约 40 个天文单位，其表面温度大概是 −230℃。关于冥王星的直径大小问题尚未定论，尽管已经估计其最大值为 3600 英里（有人也测定它并不比月亮大，即在 2170 英里以下）。这一估计的依据是冥王星的细小视圆面在天空中运行时对恒星的掩食情况。大小是地球的 1/6~1/5，质量只有地球的 1/2000。

卡戎星（候选矮行星）

卡戎星是 1978 年华盛顿美国海军天文台的天文学家詹姆士·克里斯蒂发

卡 戎 星

现的。直到现在，它仍被看成冥王星的一颗卫星。在冥王星赤道上空约 1.9 万千米的圆形轨道上运转，其运行周期与冥王星自转周期相等。近年来的观测表明，卡戎其实与冥王星构成了双行星系统，同步围绕太阳旋转。另外，卡戎的直径超过 1000 千米，质量约为 190 亿亿吨，大约是冥王星的一半，其密度与冥王星相似。有专家推测，远古时冥王星与一颗庞大天体发生了碰撞，导致一大块碎片从中分离

出来，最后形成了卡戎。

阅神星

阅神星（Eris，厄里斯）在被正式命名前暂时编号为 2003 UB313，名字暂称为齐娜（Xena）。

相对于 200 多年前发现的谷神星和近 30 年前发现的卡戎，齐娜是一个完全陌生的新来者，它是在 2003 年被发现的。齐娜的公转轨道是个很扁的椭圆，它公转

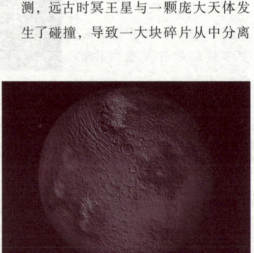

阅 神 星

一周需要 560 年，离太阳最近的距离是 38 个天文单位，最远时为 97 个天文单

YUZHOU JIAZU CHENGYUAN DABIPIN

位。天文学家目前认为，齐娜的直径约 2300 千米至 2500 千米，只比冥王星略大。科学家认为，齐娜的大气可能由甲烷和氮组成，现在它离太阳太远，大气都结成了冰；当它运动到近日点时，表面温度将有所升高，甲烷和氮会重新变成气态。至于其内部结构，现在还只能猜测，有可能是冰和岩石的混合物，与冥王星类似。齐娜有一颗卫星，科学家暂时称之为"加布里埃尔"，它是"好战公主"齐娜的随从。

谷神星

谷神星（Ceres，正式名称是编号为第 1 号小行星），是人们发现的第一颗小行星，由意大利人皮亚齐于 1801 年 1 月 1 日发现。其平均直径为 952 千米，是小行星带中最大最重的天体。谷神星要 4.6 个地球年才绕太阳公转一周。

鸟神星

鸟神星（Makemake，马奇马奇）的直径大约是冥王星的 3/4。鸟神星没有卫星。最初被称为 2005 FY9 的鸟神星是由迈克尔·E·布朗领导的团队在 2005 年 3 月 31 日发现的，2005 年 7 月 29 日，他们公布了该次发现。2008 年 6 月 11 日，国际天文学联合会将鸟神星列入类冥天体的候选者名单内。类冥天体是海王星轨道外的矮行星的专属分类，当时只有冥王星和阋神星属于这个分类。2008 年 7 月，鸟神星正式被列为类冥天体。2008 年 7 月 11 日，国际天文学联合会将这颗天体定为矮行星，并以复活节岛拉帕努伊族原住民神话中的人类创造者与生殖之神马奇马奇为其命名。

妊神星

妊神星（Haumea，哈乌美亚）的质量是冥王星质量的 1/3。2005 年，迈克尔·E·布朗领导的加州理工学院团队在美国帕洛玛山天文台发现了该天体；2005 年，奥尔蒂斯领导的团队在西班牙内华达山脉天文台亦发现了该天体，但后者的声明遭到质疑。2008 年 9 月 17 日，国际天文学联合会将这颗天体定为矮行星，并以夏威夷生育之神哈乌美亚为其命名。

在新的行星标准之下，行星定义委员会还确定了一个新的次级定义——

妊 神 星

"类冥王星"。这是指轨道在海王星之外、围绕太阳运转周期在 200 年以上的行星。在符合新定义的 12 颗太阳系行星中，冥王星、卡戎和 "2003UB313" 都属于类冥王星。

天文学家认为，类冥王星的轨道通常不是规则的圆形，而是偏心率较大的椭圆形。这类行星的来源，很可能与太阳系内其他行星不同。随着观测手段的进步，天文学家还有可能在太阳系边缘发现更多的大天体。未来太阳系的行星名单如果继续扩大，新增的也将是类冥王星。

类地行星

包括水星、金星、地球、火星。

顾名思义，类地行星的许多特性与地球相接近，它们离太阳相对较近，质量和半径都较小，平均密度则较大。类地行星的表面都有一层硅酸盐类岩石组成的坚硬壳层，有着类似地球和月球的各种地貌特征。对于没有大气的星球（如水星），其外貌类似于月球，密布着环形山和沟纹；而对于有浓密大气的金星，其表面地形更像地球。

行星早在史前就已经被人类发现了。后来人类了解到，地球本身也是一颗行星。

太阳系外行星

太阳系外行星（简称系外行星；英语：extrasolar planet 或 exoplanet）泛指在太阳系以外的行星。自 20 世纪 90 年代首次证实系外行星存在，截至 2011 年 3 月 31 日，人类已发现了 1235 颗系外行星。

历史上，天文学家一般相信在太阳系以外存在着其他行星，然而它们的普遍程度和性质则是一个谜。直至20世纪90年代人类才首次确认系外行星的存在，而自2002年起每年都有超过20个新发现的系外行星。现时估计不少于10%类似太阳的恒星都有其行星。系外行星的发现，令人想到它们当中是否存在外星生命的问题。

虽然已知的系外行星均附属不同的行星系统，但也有一些报告显示可能存在一些不围绕任何星体公转，却具有行星质量的物体（行星质量体）。

系外行星的一般性质

大部分已知的系外行星都是围绕和太阳类似的恒星，即恒星光谱为F、G或K的主序星，原因之一是搜寻计划都倾向集中研究这类恒星。即使考虑到这点，统计分析也显示，低质量恒星（恒星光谱为M的红矮星）一般较少拥有行星或只有低质量行星。

所有恒星成分都以最轻的氢和氦为主，但也有少量较重的元素如铁，天文学家以此描述恒星的金属性。较高金属性的恒星通常拥有较多行星，而且行星也倾向有较高质量。

绝大部分已知的系外行星都是高质量的，当中90%超过地球的10倍，很多也明显比太阳系最重的木星重。然而这只是一种观测上的选择性偏差，因为所有侦测方法都利于寻找高质量行星。这种偏差令统计分析难以进行，但似乎低质量行星实际上比高质量的更为普遍，因为在困难的情况下天文学家仍能发现一些只比地球质量高数倍的行星，显示它们在宇宙中应甚为普遍。

已知的系外行星中，相信绝大部分有大量气体，如太阳系中的巨行星一样。但这只有经凌日法方可证实。部分小型的行星被怀疑由岩石构成，类似地球和其他太阳系内行星。

很多系外行星的轨道都比太阳系的行星要小，但这同样是因为观测限制带来的选择性偏差，因为视向速度法对小轨道的行星最为敏感。天文学家最初对这种现象很疑惑，但现在已清楚大部分系外行星（或大部分高质量行星）都有很大的轨道。相信在大部分行星系统中，都有一或两个大型行星的轨道半径类似木星和土星的轨道。

YUZHOU JIAZU CHENGYUAN DABIPIN

轨道偏心率是用作形容轨道的椭圆程度，大部分已知的系外行星轨道都有较高的偏心率。这并非选择性偏差，因为侦测的难易程度和轨道偏心率没有太大的关系。这种现象仍是一个谜，因为现时有关行星形成的理论都指轨道应是接近圆形的。这也显示太阳系可能是不平常的，因为当中所有行星轨道基本上都是接近圆形的。

有关系外行星仍有不少未解之谜，例如它们的详细成分和卫星的普遍性。其实最有趣的问题之一是这些系外行星能否支持生命的存在。一些行星的确是处于生命宜居的范围内，条件可能和地球类似；这些行星大都是类似木星的巨型行星，若它们拥有大型的卫星，便是最有机会孕育生命的地方。然而，即使生命在宇宙间普遍存在，若他们没有高度文明，以星际距离之远，实难在可预见的时间内发现。

系外行星的命名

是在母星名字后加上一个小写英文字母。在一个行星系统内首个被发现的行星将加上"b"，如 51 Pegasi b，而随后发现的则依次序为 51 Pegasi c、51 Pegasi d 等。不使用"a"的原因是因为可被解释为母星本身。字母的排列只按发现先后决定，因此在 Gliese 876 系统内最新发现的 Gliese 876 d 却是系统内已知轨道最小的一个行星。

在 51 Pegasi b 于 1995 年被发现前，系外行星有不同的命名方法。最早被发现的 PSR 1257 + 12 行星以大写字母命名，分别为 PSR 1257 + 12 B 及 PSR 1257 + 12 C。随后发现了一个更为接近母星的行星时，却命名为 1257 + 12 A 而不是 D。

一些系外行星也有非正式的外号，例如 HD 209458 b 又称"欧西里斯"。

系外行星的寻找方法

相比于母星，行星一般都是极为暗淡的，故此母星的光芒往往会掩盖了系外行星的影像，故此天文学家一般都以间接方法寻找系外行星，现时有六种成功的间接方法。

1. 天体测量法

天体测量法是搜寻系外行星最早期的方法。这个方法是精确地测量恒星在天空的位置及观察那个位置如何随着时间变动。如果恒星有一颗行星，则行星的重力将令恒星在一条微小的圆形轨道上移动。这样一来，恒星和行星围绕着它们共同的质心旋转（二体问题）。由于恒星的质量比行星大得多，它的运行轨道就比行星小得多。

在 20 世纪 50 年代至 20 世纪 60 年代，曾有超过 10 个声称用天体测量法找到的系外行星，现时一般都认为是错误发现，因为即使最佳的地面望远镜也难以准确分辨恒星极微小的移动。到了 2002 年，哈勃太空望远镜才首次成功地以天体测量法发现 Gliese 876 的行星。未来的太空天文台，例如美国国家航空航天局的太空干涉任务（Space Interferometry Mission），可能会运用天体测量法发现更多系外行星；但目前为止这一方法仍未普遍成功。

天体测量法的一项优势是对大轨道的行星最为敏感，因此能和其他对小轨道行星敏感的方法互补不足。然而这一方法需要数年以至数十年的观测方能确认结果。

2. 视向速度法

和天体测量法相似，视向速度法同样利用了恒星在行星重力作用下在一条微小圆形轨道上移动这个事实，但是目标是测量恒星向着地球或离开地球的运动速度。根据多普勒效应，恒星的视向速度可以从恒星光谱线的移动推导出来。

因为恒星围绕质心的轨道很微小，其运动速度相对于行星也是非常低的，然而现代的光谱仪可以侦测到少于 1 米/秒的速率变动。例子有欧洲南天天文台（European Southern Observatory）在智利拉息拉天文台（La Silla Observatory）的 3.6 米望远镜的高精度视向速度行星搜索器（HARPS, High Accuracy Radial Velocity Planet Searcher），以及凯克天文台的高分辨率阶梯光栅光谱仪（HIRES）。

视向速度法是目前为止发现最多系外行星的方法，也称作"多普勒方法"或"摆动方法"。此方法不受距离影响，但需要高信噪比以达到高准确度，因此只适用于 160 光年以内相对离地球较近的恒星。此方法适合用来找寻质量大而轨道小的行星，大轨道的行星则需要多年观测。轨道和地球视向垂直的行星只会造成恒星很小的视向摆动，更难被发现。视向速度法的一个主要缺点是只能估计行星的最小质量，一般而言，真正的质量会在这个最小量的20%以内；但假若轨道接近垂直，最真实质量会更大。

视向速度法可以用作确认凌日法的结果，一同运用也有助于估计行星的真实质量。

3. 脉冲星计时法

脉冲星是超新星爆炸后留下来的超高密度的中子星。随着自转，脉冲星发出极为有规律的电磁波脉冲，因此，脉冲的轻微异常能显示脉冲星的移动。和其他星体一样，脉冲星也会受其行星影响而运动，故此计算其脉冲变动便可估计其行星的性质。

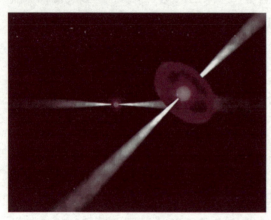

脉 冲 星

此方法设计之初并非为了侦测系外行星，但其敏感度是各种方法之中最高的，足以侦测到质量只有地球1/10的行星。脉冲星计时法也可以侦测到行星系统内相互的重力扰动，故此可以得到更多有关行星及其轨道的资料。然而因为脉冲星比较罕有，所以难以用这方法发现大量行星；而且因为脉冲星附近有极强的高能量辐射，生命似乎难以生存。

1992年，阿莱克桑德·沃尔兹森（Aleksander Wolszczan）便是利用了这个方法发现了PSR 1257＋12的行星，而且被迅速确认，成为首个被确认的系外行星系统。

4. 凌日法

运用以上的方法可以估计系外行星的质量，而凌日法则可估计行星直径。当行星行经其母星和地球之间（即凌日）时，则从地球可视的母星光度便会轻微下降。光度下降的程度和母星及行星的大小相关，例如在此时HD 209458的光度便会下降1.7%。

此方法有两个主要缺点：首先，只有少数的情况系外行星会行经地球和母星之间，而且轨道愈大几率便愈小；另外，此方法也很容易出现错误侦测。故此现时凌日法的发现必须经其他方法证实。而凌日法的主要优点是配合视向速度法能得知行星的密度，从而估计行星的物理结构。直至 2006 年 9 月，一共有 9 个系外行星用了这两个方法测量，而它们都是被了解得最深的系外行星。

凌日法还有助于了解行星的大气结构。当行星行经其母星时，母星光线便会经过行星的最外层大气。只要仔细分析母星的光谱，便能得知行星的大气成分。而把发生次蚀（即行星被其母星掩着）时的光谱和次蚀前后的光谱相减，便可直接得到行星的光谱性质，从而得知行星的温度，甚至能侦测到行星上云的形成。2005 年 3 月，两组科学家——哈佛－史密松天文物理中心（Harvard－Smithsonian Center for Astrophysics）的大卫·夏邦诺（David Charbonneau）队伍和高达德太空飞行中心（Goddard Space Flight Center）的德瑞克·戴明（L. D. Deming）队伍便利用史匹哲太空望远镜以凌日法得知 TrES－1 温度为 1060K（787℃），而 HD 209458 b 则为 1130K（857℃）。

5. 重力微透镜法

重力微透镜是重力透镜现象的一种，是星体引力场导致远处另一星体的光线路径改变而造成类似透镜的放大效应，这一现象只会当两个星体和地球几乎成一直线时才会出现。因为地球和星体的相对位置不断改变，这种透镜事件只会维持数天至数周。在过去 10 年，已观测到超过 1000 次重力微透镜现象。

假若作为透镜的星体拥有行星，则行星本身的引力场也会对透镜现象造成可测量的影响。因为需要精确对准，天文学家需要监察大量背景星体方能发现行星造成的重力微透镜现象。这种方法对于位处地球和星系中心之间的行星特别有效，因为星系中心可提供大量背景星体。1991 年，普林斯顿大学的波兰天文学家玻丹·帕琴斯基（Bohdan Paczyński）首先提议利用重力微透镜法寻找系外行星。直至 2002 年，帕琴斯基和安杰依·乌戴斯基（Andrzej Udalski）等人在光学重力透镜实验（OGLE，Optical Gravitational Lensing Experiment）上发展出一套技术，在一个月内发现了数个疑似的行星，但未能证实。自此以后直至 2006 年，重力微透镜法确认了 4 个系外行星。这是目前唯一可以侦测到围绕主序星公转而质量和地球相当的行星的方法。

重力微透镜法的显著缺点是透镜效果不能重复观测，因为星体的直线排列几乎不能重现。另外，因为这样发现的系外行星往往在数千秒差距之远，故此也不可能以其他方法再次观测。然而若有足够的背景星体和测量的准确度，该方法有助于展示类似地球的行星在星系间的普遍性。

现时的观测通常是应用机器人望远镜。除了设立 OGLE 的美国国家航空航天局和美国国家科学基金会（National Science Foundation）外，天文物理重力微透镜观测（MOA，Microlensing Observations in Astrophysics）也在改进这种技术。重力透镜探测网（PLANET，Probing Lensing Anomalies NETwork）及 Robo-Net 计划则有更大雄心，借助分布在全球的望远镜网络以求做到几乎全天候监察，以找出和地球质量相当的系外行星。此方法成功发现了首个低质量而大轨道的物体，名为 OGLE－2005－BLG－390Lb。

6. 恒星盘法

很多恒星都被尘埃组成的恒星盘包围，这些尘埃吸收了恒星的光再放出红外线，因此可以被观测。即使尘埃的总质量还不及地球，它们的总表面积仍足以反映到可观测的红外线上。哈勃太空望远镜可以通过其近红外线摄影机和多物体光谱仪观测这些尘埃，而史匹哲太空望远镜可以接收更广阔的红外线光谱以得到更佳的影像。在太阳系附近的恒星之中，已有超过 15% 被发现有尘埃盘。

天文学家们相信这些尘埃是在与彗星或小行星碰撞中形成的，而在恒星的辐射压力下，很快便会把尘埃推至星际空间。故此，侦测到尘埃盘便代表恒星附近有不断的碰撞以补充失散的尘埃，是恒星拥有彗星或小行星的间接证据。例如鲸鱼座 τ 附近的尘埃盘便显示这个恒星拥有比太阳系多出 10 倍以上、类似凯伯带中的物体。

在某些情况下尘埃盘可以显示行星的存在。有些尘埃盘中间有空洞或形成团状，都可能表示有行星在"清理"其轨道，或尘埃受到行星引力影响而集结。在波江座 ε 便发现了有这两种特质的尘埃盘，意味着当中可能有一个轨道半径达 40 个天文单位的行星；通过视向速度法，还发现了另一个轨道较细的行星。

7. 直接摄影

因为行星相比于其母星都是非常暗淡的，所以一般都会被母星的光掩盖，故此要直接发现系外行星几乎是不可能的。但在一些特殊情况下，现代的望远镜也可以直接得到系外行星的影像。例如行星体积特别大（明显地大于木星），与母星有一段较大的距离以及较为年轻（故此温度较高而放出强烈的红外线）。

在 2004 年 7 月，天文学家们利用欧洲南天文台的甚大望远镜（Very Large Telescope）阵列在智利拍摄到棕矮星 2M1207 及其行星 2M1207b。在 2005 年 12 月，2M1207b 的行星身份被证实。估计这个系外行星质量比木星高几倍，而且轨道半径大于 40 个天文单位。直至 2006 年 9 月为止，这是唯一被直接拍摄到而且被确认的系外行星。现时还有另外 3 个疑似系外行星被拍摄到，包括 GQ Lupi b、AB Pictoris b 和 SCR 1845 b。截至 2006 年 3 月，当中未有任何一个被证实为行星；相反，它们可能是小型棕矮星。

系外行星分类

天文学家们于 2007 年在希腊桑托里尼岛举行了一次会议，对他们眼中最怪异的太阳系外行星进行了分类。

炽热行星猛刮狂风

行星 HD 189733b 于 2005 年被科学家首次发现，它位于距地球 63 光年的狐狸座星群。这颗质量为木星 1.15 倍的行星，围绕自己的恒星运转一周仅需 2.2 个地球日。

根据观测到的红外线亮度变化，科学家发现，这是一颗刮着猛烈狂风的炽热星球。它始终朝向恒星的一面温度高达 940℃，黑暗一面温度也高达 700℃。科学家认为，是猛烈的狂风使"白昼"一面的热量迅速扩散到"黑夜"一面。计算机模型显示，这颗行星的风速高达每小时 1 万千米，约为音速的 8 倍。

浮肿行星如同气球

许多太阳系外行星都患有"肥胖症"或"浮肿病"。2007 年年初，天文学家发现了一颗"最肥胖"的行星，这颗名为 TrES－4 的行星位于武仙座，距地球约 1400 光年。它的质量只有木星的 0.84 倍，但体积却是木星的 5 倍。

它的平均密度只有每立方厘米 0.2 克，还不如一只酒瓶软木塞密度大，如果能够将这颗行星放到水面上，那么它就像一个漂浮着的硕大气球。

科学家认为，TrES－4 如此轻是因为它距恒星太近，因为高热而膨胀。TrES－4 距自己的恒星只有 720 万千米，它的表面温度高达 1300℃。

怪异行星轨道超扁

行星 HD 80606b 位于大熊座，距地球 190 光年，它的质量为木星的 3.9 倍。HD 80606b 围绕它的恒星运行的轨道非常奇特，就像哈雷彗星那么椭圆扁长，它距恒星的最近距离只有最远距离的 3%。如果跟随它绕着恒星运转，那么你能看到它的恒星尺寸会在几天之内变大约 900 倍。

HD 80606b 拥有已知行星中最长的轨道，主要原因是因为它受到了一颗遥远伴星的重力影响。

最热行星可熔钢铁

2005 年发现的行星 HD 149026b 堪称众太阳系外行星中的"辣妹"，因为这颗气体行星拥有所有行星中最高的温度——它朝向恒星一面的温度高达 2000℃，超过了部分恒星的表面温度，这样的高温足够熔化钢铁。

HD 149026b 位于武仙座，距地球 256 光年。它之所以这么热，主要原因是它距自己的恒星太近，并且行星表面的颜色太灰暗，容易吸收大量的光和热。

行星的自转

自转是天体的一种普遍现象，但天体的自转有不同的原因。太阳的自转是由于原始星云已在自转着，而原始星云的自转可能是由于原始星云所属的更大的星际云里出现了旋涡。关于行星的自转，我们在前面已提到康德的看法，即尘粒和星子落入行星胎时把角动量带给行星胎，使它自转起来。20 世纪出现的好些个星云说都同意康德的看法。也有一些学说提出了完全不同的行星自转原因。例如柯伊伯提出的"原行星学说"，认为很大的原行星本来不自转，太阳对它的吸引使它向着太阳的部分凸起来，形成一个隆起部分，当行星向前公转时，这个隆起部分偏离太阳的方向，但太阳对隆起部分的吸引把它拉回到向着太阳的方向，这样，实际上就强迫行星自转起来，而且行星的自转周期和公转周期一样，即同步自转。由于原行星内的气体绝大部分或全部离开了原行星，剩下的固体部分收缩，按照角动量守恒定律，自转速度随之增大，自转周期才不再等于公转周期，而是短于公转周期。这种看法的错误，在于先形成原行星这个基本假设。前面已经指出，多余的大量气体，靠太阳的辐射来驱赶是不行的。所以，行星的自转不会是这样产生的。但是，离行星较近的大卫星的自转，则很可能是这样产生的。虽然卫星都是固态的，行星对它的引力作用仍然能使它向着行星的部分略微隆起，从而迫使卫星同步自转起来。事实上，今天已定出自转情况的卫星，月球，火卫一、二，木卫一、二、三、四，海卫一，都是同步自转的，即自转周期等于绕行星转动的周期。月球向着地球的部分也的确有一个小小的隆起，比两边高出300公尺左右。一部分土卫也可能是同步自转。

理论分析表明，行星的自转起初都比现在快，周期只有几小时。离太阳较近的行星，由于太阳的潮汐作用才降慢了自转速度，使自转周期增加。所以，地球和火星的自转周期达到24小时左右，水星的自转周期达到58.6天。

天王星和金星的自转情况是很特殊的。天王星是"躺着"自转的，自转轴对公转轴的倾角大到98°；金星则逆向自转，自转周期等于243天。在行星形成末期，行星区里还未和行星胎结合起来的星子有大有小，其中大的星子可以大到和行星胎差不太多，比月球还大，这种大星子斜碰到行星，就可以大大改变行星原来的自转情况。八大行星中，水星和木星的自转轴倾角很小，地球、火星、土星、海王星的自转轴倾角都是20多度，这很可能都是在行星形成晚期有较大的星子碰到行星胎所造成的。很可能金星胎原来也是正向自转的，后来由于有一个比月球还大的大星子从内侧（较靠近太阳那一边，因为星子都是正向公转的）斜着落入金星胎，把很大的角动量带给金星胎，才使金星胎的自转从顺向变为逆向。逆向自转的金星，最初的自转周期很短，可能在10小时左右，后来由于太阳的潮汐作用才增长到今天的243天。天王胎也可能是被一个很大的星子所碰撞，才变得侧向自转起来，碰撞时碰出的物质，就成为形成天王星的5个卫星的材料。

在行星形成的晚期，大星子落入行星胎，这不仅是行星自转轴倾斜的原

因，也很可能是行星公转轨道具有偏心率和倾角的主要原因。如果大星子向着行星胎前来的运动速度矢量大致穿过行星胎的质量中心，那么，大星子的撞击就会使行星胎公转轨道的偏心率和倾角增大，增大多少则决定于大星子速度矢量对行星公转轨道面的倾角和对公转速度方向的偏离。大星子速度矢量对公转轨道面的倾角越大，行星的轨道倾角就改变得越多；对公转方向的偏离越大，行星的轨道偏心率就改变越多。如果大星子速度矢量偏离行星胎的质量中心，朝向行星胎的边缘，那么，受到改变的主要是行星自转轴的倾角。水星的轨道偏心率和倾角在行星中是最大的，这是因为，这个行星胎周围较大星子的分布很不均匀，其外侧有较多的大星子。所以，水星的轨道偏心率和倾角特别大。水星轨道面对不变平面的倾角为6°17′，其他行星小于2°2′。

通过对亮度变化的观测，已定出了50多个小行星的自转周期。小行星自转的原因，很可能是小行星之间的碰撞。有人认为，小行星最初有气壳，当两个小行星相碰时有可能合成为一个，同时以四五小时的周期自转起来。

知识点

红 外 线

红外线，是太阳光线中众多不可见光线中的一种，由英国科学家霍胥尔于1800年发现，又称为红外热辐射。他将太阳光用三棱镜分解开，在各种不同颜色的色带位置上放置了温度计，试图测量各种颜色的光的加热效应。结果发现，位于红光外侧的那支温度计升温最快。因此得到结论：太阳光谱中，红光的外侧必定存在看不见的光线，这就是红外线。也可以当作传输之媒介。太阳光谱上红外线的波长大于可见光线，波长为 $0.75\mu m \sim 1000\mu m$。红外线可分为三部分，即近红外线，波长为 $(0.75 \sim 1)$ μm 至 $(2.5 \sim 3)$ μm 之间；中红外线，波长为 $(2.5 \sim 3)$ μm 至 $(25 \sim 40)$ μm 之间；远红外线，波长为 $(25 \sim 40)$ μm 至 $1000\mu m$ 之间。

延伸阅读

　　国际天文学联合会（International Astronomical Union，IAU）是世界各国天文学术团体联合组成的非政府性学术组织，其宗旨是组织国际学术交流，推动国际协作，促进天文学的发展。联合会设执行委员会，有主席1人，副主席6人，秘书长1人，助理秘书长1人。下设专业组若干个。

　　1919年7月，国际科学联合会理事会在比利时布鲁塞尔开会时，宣告国际天文学联合会成立。1976年有会员国44个；1979年年初约有会员3400人；1985年有会员国49个，会员6000多人。中国天文学会于1935年加入国际天文学联合会。

　　国际天文学联合会每年召开若干次专题讨论会和座谈会；每3年召开一次大会，以促进学术交流，改选负责人员。下设40多个按分支学科或研究的天体对象等划分的专业委员会，每个专业委员会还被赋予一个顺序号，如4.（表示第4专业委员会，下同）星历表，6. 天文电报，7. 天体力学等。各专业委员会可分别组织各种学术活动。国际天文学联合会还同其他国际学术组织联合举行各种学术会议。它的出版物有《大会会刊》《天文学进展特辑》《学术讨论会会议录》等。联合会的定期刊物有报道会议消息的《国际天文学联合会通讯》。有些部门还出版卡片式天象报告《国际天文学联合会快报》和《天文电报》等。此外，每次专题讨论会和座谈会都出版会议录。

太阳系行星概述

　　太阳系行星中，尽管都处于同一个星系，但差异还是很大的，它们的体积、温度、运动速度都各不相同。

　　太阳系中有八大行星。对它们的基本性质所做的对比表明，这八大行星分属于明显不同的两类。距太阳较近的那些行星——水星、金星、地球和火星，体积小，密度高，自转速率慢。木星、土星、天王星、海王星的体积要大得多，但密度却较小，自转速率较快。内行星一般称为类地行星，而外行星则称为类木行星。

变化的星云盘

　　在银河系的盘状部分（称为银盘），离银河系中心 33000 光年、离边缘15000 光年处，星际弥漫物质在约 47 亿年前曾集聚成一个比较大的星际云。这个云由于自吸引而收缩，云中出现了湍涡流，后来这个云碎裂为一两千块，其中的一块就是我们太阳系的前身。到后来形成太阳系的这个星际云碎块（下面把它称为原始星云），由于它是在涡流里产生的，所以从一开始就在自转着。其他的碎块也大多形成了恒星，它们全部或大部分都有自转，自转速度有快有慢，自转轴的方向也多种多样。所以，太阳过去是一个星团的成员，后来这个星团瓦解了、散开了。

原始星云的质量比今天太阳系的总质量大些，它一面收缩，一面自转，由于角动量守恒，越转越快。赤道处惯性离心力最大，因为离心力是一个排斥因素，它对抗了吸引，所以赤道处收缩得比较慢，两极附近收缩得比较快，原始星云便逐渐变扁。

原始星云最初温度很低，在冰点以下 200 多度，所以开始时收缩很快，在两极附近，物质几乎是向中心自由降落。这时候，吸引是矛盾的主要方面。原始星云在收缩中释放出大量引力势能，它转化为动能、热能，使其温度升高；相应地，云的内部压力增大，成为对抗自吸引的主要排斥因素。原始星云的化学组成就是星际物质的化学组成，也就是今天太阳外部的化学组成：氢最多，其次是氦，然后是氧、碳、氮、氖、铁、硅、镁、硫。除了上面 10 种元素外，其他元素的相对含量要小得多。当温度很低时，最丰富的元素氢多以分子的形式存在。原始星云收缩到内部温度达 1000 多度时，大部分氢分子都离解为氢原子，原始星云就成为一个中性氢云。当内部温度进一步升高到 10000 度时，大部分氢原子都电离了，原始星云就成为一个电离氢云。

原始星云收缩到大致相当于今天海王星轨道的大小时，由于角动量守恒，赤道处的自转速度已经大到离心力等于星云本身对赤道处物质点的吸引力。这时候，星云的赤道尖端处的物质不再收缩，留下来绕剩余的部分转动，空了的尘端部分由上面、下面和里面的物质补上。原始星云继续收缩，在赤道处进一步留下物质，这样就逐渐形成一个环绕太阳旋转的星云盘，剩余物质（实际上约占原来质量 97%）进一步收缩成太阳。整个星云盘的形成只用了几百年的时间。

在星云盘开始形成以前，太阳已成为一个红外星。原始星云在收缩过程中，越靠近中心的部分，密度增加越快，星云的中聚度（向中心密集的程度）随着时间的流逝而相当快地增大。所以，星云的中心部分占有总质量的绝大部分，它形成了太阳。星云盘形成后，太阳开始进入慢引力收缩阶段。那时候，太阳的自转比今天快很多，磁场也比今天强几百倍，内部存在着强烈的对流，能量从内部转移到外部主要就是靠对流。在今天，太阳的活动主要也是由于较差自转、磁场和对流这三个因素互相影响而产生的。在太阳的慢引力收缩阶段，这三种因素都比今天强烈得多，所以太阳活动也比今天厉害得多。在那个阶段，太阳大量抛射物质，光度做不规则变化，在长达约800万年的时期内一直是一个金牛座T型变星。

太阳的引力和辐射控制了整个星云盘的结构。星云盘里离太阳越远的地方，太阳的吸引力越弱，由于太阳的辐射到达那里已变得比较稀薄，所以温度比较低。星云盘的厚度主要决定于太阳吸引力的垂直于赤道面的分量和气体压力之间的对比，前者使盘的厚度减小，后者使盘的厚度增加，两者构成一对"吸引—排斥"矛盾。当离太阳的距离增加时，太阳引力的垂直分量比气体压力减小得快，所以星云盘的厚度越往外面越大。由于星云盘是里面薄外面厚，又向上、下弯曲，所以太阳的辐射可以从外面进入星云盘的外层。星云盘刚形成时，外部的温度为绝对温度几十度，内边缘的绝对温度高到2000度左右。当原太阳收缩到大致今天的大小以后，星云盘的温度降低，各处的温度主要决定于太阳的光度和该处离太阳的距离，温度值大致和距离的平方根成反比，和太阳光度的四次根成正比。在行星形成过程中，星云盘外边缘的温度低于100 K，内边缘的温度低于1000 K，具体数值随着太阳光度的变化和星云盘透明度的变化而变化。

星云盘的演化最重要的有两个方面：一是化学组成的演化，二是尘粒的沉淀。星云盘物质的化学组成，开始是和今天太阳外部的化学组成一样的（太阳内部由于氢核聚变，氢在减少，氦在增多），后来，由于各处温度不同以及其他原因，里外的化学组成才变得不一样。星云盘由内到外可以分为三个区：类地区、木土区和天海区（包括冥王星）。在最里面的类地区，由于最靠近太阳，温度最高，过一段时期以后，挥发性物质几乎全部跑光，只剩下铁、硅、镁、硫等及其氧化物，这类物质称为土物质。土物质占原来物质的0.4%，也就是说，在类地区里，原来的物质只保留下来4‰，其余的都跑掉了，离开了太阳系。跑掉的物质可以分为两类：一类叫作气物质，包括氢原子、氢分子、氦、氖，它们的沸点不超过绝对温度8度（冰点下265度），最容易挥发。气物质的质量占原来物质的98.2%。还有一类叫作冰物质，包括氧、碳、氮以及它们和氢的化合物，占原来物质的 1.4%，在标准条件下平均沸点约绝对温度 255 度。土物质的沸点为 1000 多度左右。

今天，木星的氢含量约 80%，氦含量约 18%；土星的氢含量约 63%；天王星和海王星的氢含量只有 10% 左右。在木土区，气物质跑掉了一部分；而在天海区，气物质却跑掉了绝大部分，这里温度低，气物质跑掉不是由于挥发，而是由于该区离太阳远，太阳的吸引力微弱，逃逸速度小，气体分子的热运动速度有大有小，热运动速度大的分子加上公转速度就可以超过逃逸速度而跑掉。所以，天王星和海王星主要是由冰物质组成的，冰物质占 2/3 以上，土物质和气物质合起来不到 1/3。

天文观测结果表明，星际物质和星云一般不仅有气体，也包含一些尘粒。星际物质对星光起消光作用，主要就是由于它里面的尘粒散射了星光。按质量计，尘粒占星际物质的 1.5% 左右，这包括二氧化硅、硅酸镁、四氧化三铁和石墨等固体质点，以及由水、水化氨、水化甲烷等冻结形成的小冰块。星际物质里的尘粒的半径很小，只有 10 微米左右。

星云盘刚形成时，由于温度较高，在类地区和木土区里的小冰块都熔化了。在类地区里，连土物质的尘粒也熔化了。只是到后来，随着星云盘的温度降低，才在木土区重新凝聚出小冰块，在类地区凝聚出土物质的尘粒。类地区由于温度高，绝大部分的气物质和冰物质（都是气体）都跑掉了。

尘粒的质量比气体分子大，所以热运动速度较小，在太阳引力垂直分量的作用下，尘粒将在气体里沉淀，向赤道面下沉。但是，气体的摩擦力会对这种下沉起阻碍作用。于是，这里又出现了"吸引—排斥"矛盾。在这里，吸引是矛盾的主要方面，所以尘粒还是下沉，于是形成薄薄的一个尘层，行星就在尘层里逐步形成。尘粒集聚成较大的固体块，称为星子。后来，星子逐步结合成为行星和卫星。在太阳系天体的形成过程结束以后，星云盘物质的绝大部分不是归入行星、卫星、小行星、彗星，就是跑掉了。星云盘也就消失了。残余的物质则成为行星际空间里的大大小小的流星体和行星际气体。

知识点

石墨

　　石墨，是元素碳组成的一种单质，每个碳原子的周边连结着另外 3 个碳原子（排列方式呈蜂巢式的多个六边形）以共价键结合，构成共价分子。由于每个碳原子均会放出一个电子，那些电子能够自由移动，因此石墨属于导电体。石墨是最软的矿物之一，它的用途包括制造铅笔芯和润滑剂。碳是一种非金属元素，位于元素周期表的第二周期ⅣA族。

　　石墨是碳质元素结晶矿物，它的结晶格架为六边形层状结构。每一网层间的距离为 3.40Å，同一网层中碳原子的间距为 1.42Å。属六方晶系，具有完整的层状解理。解理面以分子键为主，对分子吸引力较弱，故其天然可浮性很好。

　　石墨与金刚石、碳 60、碳纳米管等都是碳元素的单质，它们互为同素异形体。

　　自然界中纯净的石墨是没有的，其中往往含有 SiO_2、Al_2O_3、FeO、CaO、P_2O_5、CuO 等杂质。这些杂质常以石英、黄铁矿、碳酸盐等矿物形式出现。此外，还有和 CO_2、H_2、CH_4、N_2 等气体部分。因此对石墨的分析，除测定固定碳含量外，还必须同时测定挥发分和灰分的含量。

延伸阅读

　　磁场是一种看不见、摸不着的特殊物质，它具有波粒的辐射特性。磁体周围存在磁场，磁体间的相互作用就是以磁场作为媒介的。磁场是电流、运动电荷、磁体或变化电场周围空间存在的一种特殊形态的物质。由于磁体的磁性来源于电流，电流是电荷的运动，因而概括地说，磁场是由运动电荷或电场的变化而产生的。

磁现象是最早被人类认识的物理现象之一，指南针是中国古代一大发明。磁场是广泛存在的，地球、恒星（如太阳）、星系（如银河系）、行星、卫星以及星际空间和星系际空间，都存在着磁场。为了认识和解释其中的许多物理现象和过程，必须考虑磁场这一重要因素。在现代科学技术和人类生活中，处处可遇到磁场，发电机、电动机、变压器、电报、电话、收音机以至加速器、热核聚变装置、电磁测量仪表等，无不与磁现象有关。甚至在人体内，伴随着生命活动，一些组织和器官内也会产生微弱的磁场。

磁场类型

1. 恒定磁场 磁场强度和方向保持不变的磁场称为恒定磁场或恒磁场，如铁磁片和通以直流电的电磁铁所产生的磁场。

2. 交变磁场 磁场强度和方向在规律变化的磁场，如工频磁疗机和异极旋转磁疗器产生的磁场。

3. 脉动磁场 磁场强度有规律变化而磁场方向不发生变化的磁场，如同极旋转磁疗器、通过脉动直流电磁铁产生的磁场。

4. 脉冲磁场 用间歇振荡器产生间歇脉冲电流，将这种电流通入电磁铁的线圈即可产生各种形状的脉冲磁场。脉冲磁场的特点是间歇式出现磁场，磁场的变化频率、波形和峰值可根据需要进行调节。

水 星

水星在太阳系八大行星中体积最小、质量最小。由于水星距太阳最近，因此它的轨道速度是八大行星中最大的。由于水星距离太阳太近，给观测这颗行星的工作带来一系列障碍，人们对水星的细节几乎是看不到的。即使到今天，天文学家们对于水星的自转周期，还不能做出准确的估计。

水星的轨道在地球轨道以内，这使我们从地球上看它，和月球一样也有盈

水　星

亏圆缺的位相变化。有时，它把被太阳照亮的一面对着我们，有时又把背着太阳的一面对着我们。水星的这种位相更替同时还伴随着大小的变化。相当于"满月"那样，整个光亮面朝向我们时，正是水星距地球最远的时候，因此，看起来比较小；后来慢慢开始"缺"了，离我们却愈来愈近了。当明亮部分逐渐变小时，体积却愈来愈大。当它运行到地球和太阳之间、距地球最近、体积

最大时，正好是黑暗面对着我们，反而看不见它了。

水星运行在紧紧围绕太阳的椭圆形轨道上，近日点只有 4600 万千米，远日点有 7000 万千米，平均是 5800 万千米。水星是八大行星中轨道偏心率最大的，其公转轨道是一个偏心率为 0.206 的椭圆。

由于距离太阳最近，按照开普勒行星运动定律，水星的轨道速度是八大行星中最大的。水星在轨道上的平均速度是每秒 47.89 千米。水星 88 天就能围绕太阳跑完一圈。

水星是一个固体行星，也有自转。1965 年，人们用雷达测出水星自转周期为 58.646 天，并且以 167 天到 185 天之间的周期交替着昼夜。由它的自转和公转周期算来，太阳连续两次从水星某一特定地点的"地平线"上升起的时间相隔 176 天，和雷达观测值非常接近。水星上"一天"是 176 天，"一年"是 88 天，"一天"等于"两年"。

由于水星上一昼夜长达 176 天，因此日照时间和夜晚时间都很长。长时间的日照和长时间的黑夜，加上没有空气和水调节气温，致使水星表面的温差大得惊人。在水星的背日面，温度下降到零下 173℃，而在太阳直射的向日面，最高温度在 427℃ 以上。由于水星靠太阳近，向日面的高温可以说是这个星球的特点。强烈的太阳辐射，使这里没有什么四季之分。

水星是太阳系行星中最小的一个。水星的半径为2440千米，还不到地球半径的4/10，比月球稍大一点，体积只有地球体积的1/20，太阳系内一些大卫星，例如木卫三和土卫六都比它大。水星的体积和重量大约都是地球的1/18，因此它们的密度也差不多。具体地说，地球是5.53克/厘米^3，水星是5.48克/厘米^3。这些数据表明，水星的核心也和地球类似。科学家估计，水星的核心成分主要是铁。"铁核"约占水星总质量的70%～80%。在"铁核"外面是一层500～600千米厚的硅酸盐包层。

虽然水星密度和地球差不多，但它的表面重力加速度却比地球小得多。地球表面重力加速度是980厘米/秒^2，水星只有363厘米/秒^2。物体只要具有4.3千米/秒的速度，就能飞出水星，而要从地球表面飞出，没有11.2千米/秒以上的速度是万万不行的。

水星不能自己发光，也要依靠反射太阳光而发亮。用望远镜看水星，它像一个小月亮，也有位相变化，也布满了大大小小的环形山，水星的环形山和内部平地之间的坡度较为平缓，不像月亮环形山那样相互叠错、错综复杂。

水星也有磁场，水星的磁场是它固有的。

水星有一层非常稀薄的大气，它的密度大约等于地球大气密度的3‰，气压值相当于地球上空50千米处的大气压力，而构成这层大气的成分和地球大气的成分很不相同，主要是氦、氢、氧、氩、氖、氙等元素。许多天文学家认为：水星过去可能也和月球一样，曾经有过一段大气密度较大的时期。但由于水星质量小、引力小，运动的物体只要达到每秒4.3千米的速度就可以脱离水星。这个数值约为地球脱离速度的1/3。同时，水星的日照面温度又那么高，许多大气分子很容易达到这个速度。因此，日久天长也就逐渐跑掉了。探测水星的照片表明，水星上的环形山几乎没有因大气风化造成的痕迹。这似乎意味着，早在环形山形成之前，水星的大气已经相当稀薄了。

高温、严寒、没有水、极为稀薄的大气，这些条件加在一起，使水星完全成了一个荒漠千里的死寂世界。几乎可以肯定，水星上没有任何生命或生命痕迹存在。

知识点

近 日 点

　　各个星体绕太阳公转的轨道大致是一个椭圆，它的长直径和短直径相差不大，可近似为正圆。太阳就在这个椭圆的一个焦点上，而焦点是不在椭圆中心的，因此星体离太阳的距离，就有时会近一点，有时会远一点。离太阳最近的时候，这一点的位置叫作近日点。

　　水星的近日点在它的轨道平面上移动，每100年向前移动（天文学上称为进动）5601″左右，比根据牛顿定律推算出来的值偏高43″，这个值被称为水星近日点反常进动。1859年，海王星的发现者——法国天文学家勒威耶（Urbain Le Verrier）在发现海王星的启发下，大胆地提出这种现象是由于一颗未知的水内行星对水星的摄动引起的。同年便有人宣称发现了水内行星，并起名为"火神星"，一时间掀起了寻找火神星的热潮。然而几十年过去了，此梦一直未圆。于是人们设想各种因素来解释这种复杂的进动，但始终没有令人满意的理论解释。

延伸阅读

　　雷达，利用电磁波探测目标的电子设备。发射电磁波对目标进行照射并接收其回波，由此获得目标至电磁波发射点的距离、距离变化率（径向速度）、方位、高度等信息。

　　雷达的概念形成于20世纪初。雷达是英文radar的音译，为Radio Detection and Ranging的缩写，意为无线电检测和测距的电子设备。

　　各种雷达的具体用途和结构不尽相同，但基本形式是一致的，包括：发射机、发射天线、接收机、接收天线、处理部分以及显示器。还有电源设备、数据录取设备、抗干扰设备等辅助设备。

雷达的优点是白天、黑夜均能探测远距离的目标，且不受雾、云和雨的阻挡，具有全天候、全天时的特点，并有一定的穿透能力。因此，它不仅成为军事上必不可少的电子装备，而且广泛应用于社会经济发展（如气象预报、资源探测、环境监测等）和科学研究（天体研究、大气物理、电离层结构研究等）。星载和机载合成孔径雷达已经成为当今遥感技术中十分重要的传感器。以地面为目标的雷达可以探测地面的精确形状。其空间分辨力可达几米到几十米，且与距离无关。雷达在洪水监测、海冰监测、土壤湿度调查、森林资源清查、地质调查等方面显示了很好的应用潜力。

雷达种类繁多，分类方法也非常复杂。通常可以按照雷达的用途分类，如预警雷达、搜索警戒雷达、引导指挥雷达、炮瞄雷达、测高雷达、战场监视雷达、机载雷达、无线电测高雷达、雷达引信、气象雷达、航行管制雷达、导航雷达以及防撞和敌我识别雷达等。

金 星

金星是八大行星中距离地球最近的行星，人们常常称它为"地球的近邻"。的确，当它在水星和地球间围绕太阳运行的轨道上，走到距我们最近时，相距只有4100万千米。大约比它距太阳的平均距离（10800万千米）的一半还少一点。

金星的半径为6056千米，比地球稍小一点，体积等于地球的87%，质量为地球的82%，表面重

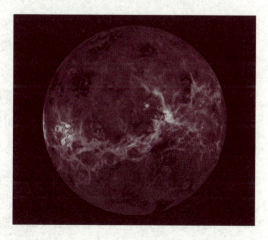

金 星

力约为地球的90%。金星和地球就像一对孪生姊妹那样，各方面都非常相似，甚至金星表面也有一层密密的大气。

金星是离太阳第二近的大行星，到太阳的平均距离不到1.1亿千米，只比水星远、比地球近。它在轨道上的运行速度比水星慢、比地球快，公转速度是35千米/秒，224.7天绕太阳公转一圈。

金星公转的轨道与地球不同，它的轨道特别圆，是八大行星中轨道最接近正圆的一个行星，其偏心率只有0.0068。

令人惊奇的是金星的自转是自东向西"逆转"的，并且自转得非常缓慢。地球上认为永远不会出现的事情——"太阳从西边出来"，在这里却是真理。即：若从北俯视，它是按顺时针方向自转的。金星的自转周期为243天，比金星绕日公转周期长18.3天。金星逆行自转的一个奇怪的特点是，每当金星处于（在地球与太阳之间）下合时，它总是以同一个球面朝向地球。

这个事实似乎表明，金星恰恰好像是月亮那样，被地球的引力控制在同步自转的方式之中。可是，据金星与地球的距离推断，能起此种作用的引力，好像不足以大到能起到这样的效果。所以，这种现象仍没有得到充分的解释。

根据光谱，人们发现金星大气中有大量的二氧化碳。利用红外光测出金星大气外面不论是白天还是黑夜，温度都在-35℃左右。对金星所进行的射电天文研究表明，金星表面温度高到380℃！

这些对金星点点滴滴、极不全面的认识，直到人类的航天器穿过金星云层后，才有了重大的突破，第一次向人们揭示了这个古怪行星的种种奥秘。

对金星的实地探测表明，金星是一个没有液态水的死寂世界，一片片凌乱的大石块、布满砂砾的荒凉平原、宽大的火山口、纵横交错的深沟以及一条条显然比火星上的山脉低得多的山地，使我们好像又看到了一个月球。所不同的是，似乎没有月球上那些引人注目的环形山。金星表面虽然也有一些山脉或山岭，但都不太高大。

根据观测资料，科学家们认为，由于金星表面温度很高，那里不可能有河流、湖泊和海洋存在，在那里也没有磁场和辐射带。

空间观测还指出，金星表面上大部分地区覆盖着薄薄的一层物质，它们的平均密度每立方厘米只有1.2~1.9克，厚度在1米以下。在这层物质下面便是岩石。金星的外壳大部分是由玄武岩组成的，一些带有尖锐棱角的年轻岩石（很少风化的岩石），还含有百分之四的钾，十万分之二的铀和百万分之六点五的钍。放射性元素的混合物与地球上花岗岩内所含的非常相似。

金星的云层是由高度浓缩的硫酸组成的奇特的"硫酸云"，而不像地球的云层主要是由水滴和冰晶组成的。金星云层为什么会有这样大量的硫酸呢？目前还没有找到一个完满的答案。

探测器也对金星大气 40 英里厚的局部范围进行了化学分析。结果发现，金星的大气，比地球大气厚 100 倍，金星表面的大气压约为地表大气压的 100 倍。下层主要为二氧化碳，高层则以氧原子为主。其中二氧化碳占整个大气成分的 97%，氮只占 2%，氧则不超过 1‰。

金星的大气层经常处于一种急速而复杂的运动之中。大气环流结构比地球大气复杂得多。金星的大气层大约以每秒 100 米的速度环绕金星运动，差不多比金星自转速度快 50 倍。似乎整个大气层都以很高的速度在运动，几乎每 4 个昼夜就环流金星一周。

最近的一次雷达图像显示，金星上有个巨大的撞击盆地，其面积约为 1000×1600 平方千米。这个形态可能是金星在过去和一个质量很大的天体相撞所留下的伤疤。

金星上空浓密的云层吸收太阳光线能力很强。由于金星大气层中主要成分是二氧化碳，所占的比例达 93%，在低层大气中甚至可达 99%。浓密的二氧化碳导致温室效应非常显著，所以金星表面的温度特别高。

航天器上的仪器测得，在这个被密云覆盖的星球上，温度高达 485℃，这是迄今知道的太阳系中温度最高的一个行星，足以使铅、锡等金属熔化。

▶▶ 知识点 ▶▶▶▶

玄 武 岩

玄武岩（basalt）属基性火山岩。是地球洋壳和月球月海的最主要组成物质，也是地球陆壳和月球月陆的重要组成物质。1546 年，G. 阿格里科拉首次在地质文献中，用 basalt 这个词描述德国萨克森的黑色岩石。汉语玄武岩一词，引自日文。日本在兵库县玄武洞发现黑色橄榄玄武岩，故得名。

其化学成分与辉长岩相似，SiO_2 含量变化于 45% ~52% 之间，K_2O、Na_2O 含量较侵入岩略高，CaO、Fe_2O_3、MgO 含量较侵入岩略低。矿物成分主要由基性长石和辉石组成，次要矿物有橄榄石、角闪石及黑云母等；岩石均为暗色，一般为黑色，有时呈灰绿或暗紫色等。呈斑状结构。气孔构造和杏仁构造普遍。

玄武岩的主要成分是 SiO_2、Al_2O_3、Fe_2O_3、CaO、MgO（还有少量的 K_2O、Na_2O），其中 SiO_2 含量最多，约占 45% ~50% 左右。玄武岩体积密度为 $2.8g/cm^3$ ~ $3.3g/cm^3$，致密者压缩强度很大，可高达 300MPa，有时更高，存在玻璃质及气孔时则强度有所降低。

延伸阅读

潮汐，指海水在天体（主要是月球和太阳）引潮力作用下所产生的周期性运动，习惯上把海面垂直方向涨落称为潮汐，而海水在水平方向的流动称为潮流。潮汐是沿海地区的一种自然现象，古代称白天的河海涌水为"潮"，晚上的称为"汐"，合称"潮汐"。

形成原因：月球引力和太阳引力的合力是引起海水涨落的引潮力。地潮、海潮和气潮的原动力都是日、月对地球各处引力不同而引起的，三者之间互有影响。因月球距地球比太阳近，月球与太阳引潮力之比为 11∶5，对海洋而言，月亮潮比太阳潮显著。大洋底部地壳的弹性—塑性潮汐形变，会引起相应的海潮，即对海潮来说，存在着地潮效应的影响；而海潮引起的海水质量的迁移，改变着地壳所承受的负载，使地壳发生可复的变曲。气潮在海潮之上，它作用于海面上，引起其附加的振动，使海潮的变化更趋复杂。

除月球、太阳外，其他天体对地球同样会产生引潮力。虽然太阳的质量比月球大得多，但太阳离地球的距离也比月球与地球之间的距离大得多，所以其引潮力还不到月球引潮力的一半。其他天体或因远离地球，或因质量太小，所产生的引潮力微不足道。

地　球

地球的形成

大约46亿年以前，地球由星际尘埃物质积聚形成时，仅仅是一团温度很低、密度不大的团聚物，我们把它叫作原始地球。原始地球的周围也有一层以氢和氦为主要成分的大气，不过由于地球初期的引力还非常小，在太阳风的冲击下，很快就被"吹"得无影无踪了。这时，地球又完全裸露在宇宙空间之中，无论从哪个角度来看，那时的地球都不能和现在的地球相比。

若干年以后，由于地球自身收缩而产生的引力能，以及放射性物质的蜕变，内部温度不断增高，当内温达到1500℃～2000℃左右，超过了铁的熔点时，原始地球发生了一次极为重要的分化和改组。密度较大的铁和它的伴生元素沉向地球中心，形成一个致密的地核。一些较轻的元素，如钾、钠、硅、铝以及被"挤"出来的放射性元素铀和钍等则浮向上部，分化成地幔和地球的外壳。经过这场大规模的元素迁移，最终把地球分成了三个圈层——地壳、地幔和地核。这种内部增温的结果，不仅分化了地球的层次，而且促进了火山活动和地壳表面的造山运动。这些巨大的变迁，为最终塑造出今天人们见到的各种地貌形态奠定了最原始的基础。随着这些巨大的变迁，一直被禁锢在地球物质中的各种气体也大量泄溢出来。由于这时地球的引力已增加到足以"拉"住它们，因此，除了最轻的元素，如氢、氦等还是照样逃散之外，一些如甲烷、氨和水汽等再次在地球的外层围聚成一个原始大气圈。这时的大气层是无氧的，它的基本成分和现在的天王星、海王星的大气差不多。

在距今约37亿～22亿年以前，即地质历史上所称的"太古代"，逐渐变冷的地表，使大气层中的水汽开始凝结成雨，不断落向地面。同时，强烈的火山活动形成的岩浆喷发，也释放出大量的水汽，这些水分后来都积聚在地表比较低凹的部分而形成了江河湖泊和广阔的海洋。从此，地球上出现了孕育生命的摇篮——水。那时的海洋面积比现在广阔得多，除了一些规模不大的岛屿突出在海面上以外，地球上到处都是深浅多变的海水。

随着降雨和河流"搬运"到海洋中的各种无机盐和有机物，经过复杂而频繁的接触，一些如氨基酸、蛋白质、核酸等原始有机体在海洋中出现了。到了距今约20亿年前的元古代，一些温暖的海水里，出现了藻类样的极为低等的植物，这个划时代的跃进，使地球从此跨入了有生命的崭新世界。

也许人们会问：为什么在太阳系中，只有地球演进出生命呢？这个涉及天体演化的复杂问题，迄今还是许多科学家正在探索的目标。随着宇航技术的发展，人类已经开始到其他星球上去寻找答案了，不断飞向金星、火星、土星、木星……的探测器，其中一项重要的任务就是要弄清楚其他行星的各种条件，对照一下为什么它们走上了和地球完全不同的道路。航天器送回的资料告诉我们，火星上似乎也有过水，甚至还出现过河流的痕迹。有的科学家还怀疑它也出现过类似地球几亿年前的那种自然环境。如果真是这样，为什么一下子全都烟消云散了呢？这些与地球光、热条件相差不大的星球，究竟是昨天的地球，今后会慢慢赶上来呢？还是明天的地球，给我们展示了一个可怕的前途？这些悬而未决的棘手问题，正等着人们去寻求一个圆满的答案。

地球的概况

地球的赤道半径是6378千米，极半径是6357千米，两者相差21千米。

精确的空间测量表明，地球像一个很圆的球。不过，这个球不是很规则的，而是有的地方鼓出来，有的地方凹下去，并且赤道两边鼓出的部分也不相同。赤道以南某些地点鼓出的程度比赤道以北一些地点高7.6米，而南极到地球中心的距离比北极短15.2米。

因此，地球既不是规则的圆球，也不像鸭梨和鸡蛋，而是近乎球形的不规则球体。

地球是围绕太阳运转且距太阳较近的第三颗行星。地球的平均半径为6378千米。根据万有引力定律，地球的"重量"已秤得相当准确了——60万亿亿吨。从这些数字来看，地球在太阳系的行星中排行老五，除了水星、金星和火星以外，其他行星都比它大得多。

地球在距太阳平均约 1.5 亿千米的椭圆形轨道上绕太阳公转，每年运行一圈。地球在轨道上位置不同，运行的速度也不相同，平均速度是每秒 29.8 千米。地球在轨道上位置不同，到太阳的距离也不相同：每年 1 月 3 日前后，日地距离最短，等于 14710 万千米，这一点叫作近日点；每年 7 月 4 日左右，日地距离最长，等于 15210 万千米，这一点叫远日点。

地 球

YUZHOU JIAZU CHENGYUAN DABIPIN

地球的自转轴线与公转轨道平面之间有一个 66°33′ 的倾斜角。这和我们用铅笔写字时笔与纸的角度差不多，并且地轴几乎始终对着北极星。因此，南北半球受太阳照射的情况都在不断变化：当北半球朝向太阳，太阳光直射北回归线附近时，北半球获得的热量多，就是夏天，南半球刚好是冬天；当地球运转到轨道的另一侧时，南半球又朝向太阳，变成夏天，这时北半球就成了冬天。这就是一年四季的由来。因此，我们说，正是地球绕日公转和地轴倾斜这两个因素，构成了地球上的四季更替。

地球在公转的同时，还像陀螺一样一刻不停地在由西向东自转。自转一周需要 23 时 56 分 4 秒，正是这种自转带来了昼夜交替，我们称为一天。自转的结果，使地球和其他行星一样，并不是一个标准的正球体，而成为两极扁平、赤道部分略为突出的椭球。作为地球上的某一固定点来说，这种自转，在地面上产生的线速度是非常惊人的，在赤道上达到每秒 464 米。

地球的结构

在地球 5.1 亿平方千米的表面积上，陆地面积只占 29.2%，还不到 1.5 亿平方千米，而 70.8% 的面积都被海洋占据着。陆地面积的 1/5 是沙漠或半

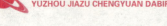
沙漠。

世界上最高的地方是我国与尼泊尔边界上的喜马拉雅山脉主峰珠穆朗玛峰，高出海平面 8844.43 米，被称为"世界屋脊"。太平洋西部的马里亚纳海沟是地球上最低的地方，低于海平面 11022 米。

19 世纪末，科学家利用地震时发出的地震波，确定了地球的密度，根据这个密度推算出地球内部物质分布情况，从而提出了大家公认的地球内部结构：在地球核心部分是密度大于每立方厘米 8 克的地核；在地核上面是一层密度为每立方厘米 3 ~ 4 克的地幔；在地幔上面便是由岩石组成的地壳。

地壳是地面之下的一个薄层，平均厚度 30 多千米，有的地方厚，有的地方薄。在青藏高原上，地壳厚到 65 千米以上，而在海洋底下，只有 5 ~ 8 千米。地壳的表面由岩石和土壤组成，这是一个岩石圈。由放射性方法测定，构成地壳的岩石年龄不到 20 亿年，而地球年龄已经 46 亿年了。这表明，现在的地壳不是原始的地壳，而是后来形成的。具体地说，是地球内部物质通过火山爆发和造山运动形成的。

从地壳内边缘至离地面大约 2900 千米的深处是地幔。它也呈固体状态，也是由岩石组成的。这是地壳和地核之间的过渡层，密度也带有过渡性质：在地壳附近是每立方厘米 3.3 克，而在地核处则是每立方厘米 5.6 克。温度由表及里逐渐升高，在地壳附近是几百摄氏度，到地核处变成了 4000 多摄氏度。

地核是地球的核心区域。这里是一个高温高压的世界。地核边缘的温度在 4000℃ 左右，核心地方，温度高到 5000℃ ~ 6000℃。压力在 374810 万百帕以上。根据地震波分析，地核外层可能是液态，中间可能是固态。地核的体积虽然只占地球总体积的 1/6，但质量却占地球质量的 3/10 以上，因此，这里的密度很大，和汞差不多，很可能是由铁、镍等元素组成的。由于高压，这些物质被压缩得很紧。

地壳在不停地运动着。以前一直认为地壳主要是上下运动，近年来人们改变了原来的想法，认为主要的运动是水平运动。地壳的运动是缓慢的，只有用地质年代来衡量才能看出其变化。

地球大气

地球大气成分主要是氮和氧，其中氮占 78%，氧占 21%，其他如氩、二氧化碳、氖、氪、氙、氦、氢以及水蒸气等，含量都很少。大气层总重量约是6000万亿吨，相当于地球重量的百万分之一。

地球大气层是一个整体，虽然占据的空间十分广阔，但99%的大气都几乎集中在离地面几十千米高的范围内。

在地球的大气层里，与人类生活密切相关的一层位于地球表面附近，厚度在10~12千米左右，这一层叫作对流层。这是大气密度最大的地方，大约4/5的大气集中在这里。这里既是生命活动的氧气主要供给地，又是晴、阴、雨、雪、风、云、雷、电变化的舞台。

位于对流层上面并与对流层为邻的是平流层，又名同温层。因为在这一层里，大气的流动形式主要是水平流动，所以叫它平流层。

平流层范围从对流层顶向上直至离地面约50千米的高度。在这一层里，大气的垂直对流不强，多为平流运动；大气中只有少量的水汽，但包含了大气臭氧层中臭氧的主要部分，水汽和臭氧在辐射平衡中起着作用；大气中尘埃的含量很小，大气透明度很高。

平流层温度的铅直分布与对流层不同，从对流层顶起，有一个温度随高度不变或随高度变化很小的层次，称为同温层；在25千米以上，温度随高度迅速增加，升温率约2℃/千米，到50千米附近温度达极大值，约为-3℃。这即为平流层顶，这个高温区是由于大气臭氧吸收太阳紫外辐射增温所致。

在地面以上70~1000千米之间是电离层。这是受太阳辐射影响最大的一层。在太阳光中的紫外线和X射线的作用下，大气层中的分子和原子被电离成正负离子。其中在80~100千米、100~120千米、150~250千米和250~500千米的地方，电子浓度极大，分别称为D、E、F层，F层又分为F1层和F2层。电离层能够反射无线电波。地球上能实行远距离无线电通讯，就是靠电离层来反射电波。如果太阳活动激烈，电离层受到巨大影响的话，无线电通信就会受到影响，甚至会中断。

地球磁场

地球具有磁场，地磁场具有南、北两个磁极。南极在北，北极在南，所以指南针总是指南指北的。磁针所指的方向和南北连线所夹的角度，现代称为磁偏角。磁偏角的存在，说明地球磁场的南、北极同地球的北、南极不是重合在一起的。

地磁场的存在，在地球周围形成一个巨大的磁层区域。这是一个不让太阳风粒子进入的空腔区域。这个区域很大，在向太阳的一面，受到太阳压缩而向里面凹一点，这一点到地球的距离约等于 10 个地球半径；在昼夜分界面上，到地球的距离约 10～20 个地球半径，在磁层的尾部，由于太阳风的作用，被拉得更长。

地磁场有一种特性：能把外面来的带电粒子"抓到"自己身边，这叫"俘获"。从宇宙中来的带电粒子被俘获后，一边沿着地磁场的磁感线运动，一面向前跑，被送到地磁的南极和北极。被俘获的带电粒子在地磁南极和北极之间回旋运动，并且不停地发射电磁波。带电粒子这些活动的区域，被称为辐射带。它是美国科学家范·艾伦发现的，所以又叫范·艾伦带。

地球有两个范·艾伦带。位于地面以上 6000～12000 千米之间的叫内辐射带。内辐射带里面的带电粒子能量比较高。另一个辐射带叫外辐射带，高度在 12000～24000 千米之间，里面的带电粒子能量比内辐射带里的带电粒子能量低。

范·艾伦带的发现是空间天文学诞生初期的重要成果，它对弄清地球环境是非常有用的。

地球卫星

月球是地球唯一的卫星，像地球一样，它是一颗坚实的固体星球。它一面绕着地球转，一面和地球一道绕太阳运行。

月球概况

月球是离地球最近的一颗星，平均距离只有 384400 千米。月球到地球的距离，只有太阳到地球距离的 1/400。

月亮是一个不大的天体，平均直径是 3476 千米，大约是地球的 3/11。根据它的直径，就能计算它的表面积和体积。月亮的表面积是 3800 万平方千米，相当于地球表面积的 1/14。月球的体积是 220 亿立方千米，只有地球体积的

1/49。

月球质量约等于地球的1/81，即7400亿亿吨。月球的平均密度为每立方厘米3.34克，是地球密度的3/5，比组成地壳岩石的平均密度稍大一点。

月球表面的重力，只有地球的1/6。就是说，一个在地面上重60千克的人，到了月球上，体重只有10千克。

月亮上既无空气又无水，是一片毫无生气的不毛之地。由于没有空气保温，月球的表面温度变化相当剧烈：白天，中午的温度高到127℃；夜晚，黎明前的温度降到-183℃。

月亮本身不会发光，是靠反射太阳光而发亮的。太阳只能照亮半边月亮，另外半边照不到。月亮在绕地球公转的过程中，太阳、地球和月亮的相对位置是经常改变的，地面观测者所看到的月面明暗部分，也将随这三者相对位置的变化而变化。月亮盈亏圆缺的各种形状叫作月亮的位相，简称月相。月相的变化就是日、月、地三者相对位置变化造成的。

月　球

月相周而复始地变化，月相变化的周期叫作朔望月，一个朔望月等于29.53天。为了计算方便，一个月平均为29.5天。大月30天，小月29天。

公转和自转

月亮有两种运动：围绕地球的公转和绕轴自转。此外，在地球上看来，还有像其他星星一样的东升西落运动。不过，那不是月亮本身的运动，而是地球自转的反映。

月亮绕地球运行的轨道叫白道。白道是一个椭圆，扁扁的，地球位于椭圆的一个焦点上。白道上距离地球中心最近的一点叫近地点，最远的一点叫远地点。近地点到地球中心的距离是 356400 千米，远地点到地球中心的距离是 406700 千米。

天体运行轨道的形状由它的偏心率决定。偏心率大，表示椭圆较扁；偏心率小，椭圆较圆。白道的偏心率是 0.0549。

除了绕地球公转外，月亮还有自转。月球总是一面朝着地球，说明它的自转周期和公转周期是相同的。

应当指出，月亮并不是严格地一面朝着我们的，如果是这样，我们只能看到 50% 的月面了，而实际上我们却看到了 59%。这 9% 的月面是月亮在轨道上摇摆的时候被看到的。

月球表面

根据现在的认识，月球上是高低不平的，高的是山，凹的是"海"，主要结构有下面几种：

月球表面

一是"海"。"海"是指月球上明显的暗黑部分。它们是伽利略首先发现的。1609 年，伽利略用望远镜观测月球时，看到月面上亮的部分是山，就根据地球上有山有水的自然景色，把这些暗黑的部分想象为海洋，并给予"云海"、"湿海"和"风暴洋"之类的名称。实际上，月海是低凹的广阔平原。

现在知道，月面的"海"约占可见月面的 2/5。著名的月海共有 22 个，其中最大的是风暴洋，面积约 500 万平方千米。其次是雨海，面积约 90 万平方千米。此外，月面上较大的海还有澄海、丰富海、危海等。

月面上不仅有"海"，还有"湾"和"湖"。月海伸向陆地的部分称为湾，小的月海称为湖。

二是环形山。月面上最明显的特征是环形山。"环形山"来源于希腊文，意思是"碗"。通常把碗状凹坑结构称为环形山。最大的环形山是月球南极附近的贝利环形山，直径295千米。其次是克拉维环形山，直径233千米。再次是牛顿环形山，直径230千米。直径大于1千米的环形山比比皆是，总数超过33000个。小的环形山只是些凹坑。环形山大多数以著名天文学家或其他学者的名字命名。

环形山是怎样形成的呢？有两种理论：一种认为是流星、彗星和小行星撞击月面的结果；另一种认为是月面上火山喷发而成的。现在看来，这两种方式都可以形成环形山。小环形山可能是撞击而成的，大环形山则可能是火山爆发的结果。

除"海"和环形山外，还有险峻的山脉和孤立的山。月面上的山有的高达8千米。它们大多数是以地球上山脉的名字命名的，例如亚平宁山脉、高加索山脉和阿尔卑斯山脉等。最长的山脉长达1000千米，高出月海3～4千米。最高的山峰在南极附近，高度达9000米，比地球上的珠穆朗玛峰还高。

三是月面辐射纹。这是非常有趣的构成物，常以大环形山为中心，向四周作辐射状发散出去，成为白色发亮的条纹，宽约10～20千米。在向四周伸展出去的路上，即使经过山、谷和环形山，宽度和方向也不改变。典型的辐射纹是第谷环形山和哥白尼环形山周围的辐射纹。第谷环形山辐射纹有12条，从环形山周围呈放射状向外延伸，最长的达1800千米，满月时可以看得很清楚。

四是月陆和峭壁。月面上比月海高的地区叫月陆，其高度一般在2～3千米，主要由浅色的斜长岩组成。在月亮的正面，月陆和月海的面积大致相等。在月亮背面，月陆的面积大于月海。经同位素测定，月陆形成的年代和地球差不多，比月海要早。

在月球表面上，除了山脉和"海洋"以外，还有长达数百千米的峭壁，其中最长的峭壁叫阿尔泰峭壁。

知识点

星际尘埃

　　星际尘埃是分散在星际气体中的固态小颗粒。根据星光的消光量可推断出这种消光物质大致是 $0.1\mu m$ 半径的固体颗粒。星际尘埃质量密度估计约为气体密度的 1%。或数密度为 $2000/km^3$。尘埃的物质可能是由硅酸盐、石墨晶粒以及水、甲烷等冰状物所组成的。

　　星际尘粒的来源至少有下列几种：

　　小行星的碰撞；

　　彗星在内太阳系的活动和碰撞；

　　柯伊伯带天体的碰撞；

　　行星际物质（ISM）的颗粒；

　　影响星际尘粒的主要物理程序（破坏或驱离）是：

　　辐射压的驱散、来自内部的波印廷—罗伯逊辐射阻力、太阳风压力（主要是电磁力的效应）、升华、互相碰撞和行星的热效应。

延伸阅读

　　紫外辐射是一种非照明用的辐射源。紫外辐射的波长范围为 $10\sim400$ 纳米。由于只有波长大于 200 纳米的紫外辐射，才能在空气中传播，所以人们通常讨论的紫外辐射效应及其应用，只涉及 $200\sim400$ 纳米范围内的紫外辐射。

　　为研究和应用之便，科学家们把紫外辐射划分为 A 波段（$400\sim315$ 纳米）、B 波段（$315\sim280$ 纳米）和 C 波段（$280\sim200$ 纳米），并分别称之为 UVA、UVB 和 UVC。

一定量的 UVC 对微生物有很大的破坏作用，它可以杀灭大肠菌、红痢菌、伤寒菌、葡萄球菌、结核菌、枯草菌、谷物霉菌等。研究发现，紫外辐射杀菌的能力是随波长变化的，杀菌的峰值在 254 纳米左右，也就是说，波长在 254 纳米的紫外辐射灭菌的效果最佳。紫外辐射的灭菌效应在医疗保健和食品行业已经得到了广泛应用，最常见的是对病房中的空气、医用物品灭菌。

紫外辐射到人体上，人体的有机醇吸收了紫外辐射以后，会合成维生素 D，这就是人们常说的"健康效应"，这对防治佝偻病和骨质疏松是很有效的。研究证明，有机醇吸收辐射的波长为 220 ~ 320 纳米，效率最高处位于 280 纳米附近。利用健康效应的典型例子，是医生时常建议家长们，在冬季带新生儿参加一定量的户外活动、晒太阳，这样对促进婴幼儿的骨骼发育十分有利。在医院临床上，还利用健康效应使用专门的紫外灯照射人体，以达到保健的目的。

位于平流层的臭氧层是太阳紫外线辐射的主要吸收带。近年来，由于臭氧层的破坏，到达地表的紫外线辐射增强。大气中臭氧浓度每减少 1%，到达地表的太阳紫外线辐射会增加 2%。

火 星

YUZHOU JIAZU CHENGYUAN DABIPIN

火星是唯一能用望远镜看得很清楚的类地行星。除金星以外，火星离地球最近，火星同地球的最小距离能近到 5600 万千米。

通过望远镜，火星看起来像是个橙色的球。在南北两极是白皑皑的极冠。火星上有些随季节变化而明暗交替、时常改变形状的绿色或灰色区域。

火星比地球小得多，半径只有

火 星

3435 千米，约相当于地球半径的 1/2，质量也只有地球的 1/10。

火星的轨道是一个扁扁的椭圆，偏心率为 0.09，轨道面几乎与黄道面重合。由于轨道较扁，火星到太阳的距离，远近相差很大，最远和最近相差 4000 万千米。

火星到地球的距离也在不断地变化，最远时火星离地球大约 4 亿千米，最近时只有 5600 万千米。火星离太阳的平均距离约 2.3 亿千米。

除了公转以外，火星也有自转。火星自转一周为 24 小时 37 分。火星的赤道面和黄道面交角是 24 度，因此，在火星上也有昼夜和四季的变化，火星公转速度为每秒 24 千米，绕太阳公转一周需要 687 天。火星距离太阳远，因此，它从太阳得到的热量要少，所以比较冷。赤道附近白天也只有 10℃ 左右，晚上则下降到 −50℃ 以下。其余的地方温度就更低了。

火星也有两个天然卫星。当然，除了在极地覆盖着一层厚度不大的干冰（冰冻的二氧化碳）外，火星上没有液态水。

在红色的火星极区，覆盖着白色极冠。火星表面地形复杂，极冠、"大陆"、"海洋"、环形山、火山、峡谷和沙漠样样都有。

极冠是罩在火星两极的白色覆盖物，它的成分是干冰和水冰。据估计，火星大气中大约 1/5 的二氧化碳形成干冰，覆盖在两个极冠上，绝大部分水冰覆盖在两极。从望远镜里看，在火星北半球上春天来临以后，极冠逐渐缩小，极冠外围暗黑的区域变得更暗，渐渐向赤道移动；火星上秋天以后，极冠慢慢变大，极冠外围暗黑的区域逐渐变浅。

由于火星到太阳的距离比地球远，接受的阳光比地球少，因此火星表面的温度比地面上平均温度低 30 多摄氏度。加上大气稀薄，水分很少，没有东西调节气温，火星上昼夜温差常在 100 度以上。在赤道地区太阳光直射的地方，白天最高温度在 20℃ 以上，夜晚最低温度降到零下 80℃ 以下。

火星环形山成因大致有两种：一种是小行星和流星等小天体撞击而成的，另一种是火山爆发形成的。最大的小行星撞击而成的环形山是海腊斯盆地，直径 1600 千米，深度在 4 千米以上。整个火星上有几万个环形山。

观测表明，火星上也有大气，但是气压很低，它略小于地球大气压的 1%。火星大气主要是由二氧化碳及少量的氧气组成的，地球上生物赖以生存的氧，只占大气总成分的1‰。由于火星大气很稀薄，火星不能很有效地保持热量。

火星上尘暴是火星大气中的特有现象。局部尘暴在火星上经常出现，大尘暴席卷整个火星表面。巨大的尘暴能持续几个星期，甚至几个月。

大尘暴多半发生在南半球的春末，即出现在火星位于轨道上近日点附近的时候。尘暴发源地一般在阳光直射的纬度上，常常发生在海腊斯盆地以西几百千米的地方。开始的时候，中心尘粒云慢慢扩展，然后迅速蔓延，在几个星期内覆盖整个火星的南半球。特大的尘暴还扩张到北半球，甚至整个火星。

火星的大气很稀薄，火星表面的尘粒是不能轻易被吹起来的，要把火星表面的尘粒吹起来，风的速度必须大于50千米/秒。这样的大风是由特殊的地形造成的。由于地形特殊，太阳光对大气加热的时候，有些地区温度上升得快，有些地区温度上升得慢，出现了局部温度不平衡，因而形成了风。当风速超过50千米/秒的时候，便将尘粒卷向空中。在空中的尘粒再进一步吸收太阳能而变得更热。这一部分充满尘粒的空气，由于比周围热又继续上升。在热空气夹着尘粒上升的时候，别的地方的冷空气便赶来补充，这样，热空气上升，冷空气赶来补充，你来我往，形成更强大的风，卷起更大的尘暴。

火星表面的重力加速度只有地球的1/3，因而尘粒一旦被吹到空中，就不会轻易地落下来。即使火星表面风速减小了，尘粒也被高高卷向空中。随着尘暴范围扩大，火星上温差在减小，因而风速也减小，最后风息了，尘粒从空中落下来，一场尘暴也就平息了。

火星有两颗卫星，分别是火卫一和火卫二。火卫一和火卫二都在火星赤道面附近运行，轨道形状近似圆形，运行周期分别为7小时39分和30小时18分，到火星的平均距离分别是9400千米和23500千米，比月亮到地球的距离近得多。

这两颗卫星的形状都很不规则，而且被流星撞击得遍体鳞伤。其中较大的火卫一，直径约为22千米，在距火星大约只有9000千米的轨道上运转。由于其半径不大，因而它的公转周期也很小。事实上，火卫一绕其主星运转的速度比它绕轴自转的速度快，这在太阳系中是独一无二的。在火星世界里有一件奇观，那就是火星上的一昼夜在火卫一上超过3年。因为火星自转周期是24小时 37 分，而火卫一的公转周期是 7 小时 39 分，所以，对位于火星上的观察者来看，在火星的一昼夜内，火卫一从西边升起，再从东边落下，在每一个火星日中要重复三次。

知识点

公 转

一个天体围绕着另一个天体转动叫作公转。

太阳系里的行星绕着太阳转动，或者各行星的卫星绕着行星而转动，都叫作公转。

公转是一件物体以另一件物体为中心所做的循环运动，一般用来形容行星环绕恒星或者卫星环绕行星的活动。所沿着的轨道可以为圆、椭圆、双曲线或抛物线。自转方向为自西向东。

延伸阅读

二氧化碳是空气中常见的化合物，其分子式为 CO_2，由两个氧原子与一个碳原子通过共价键连接而成，常温下是一种无色无味气体，密度比空气略大，能溶于水，并生成碳酸。固态二氧化碳俗称干冰。二氧化碳被认为是造成温室效应的主要原因。

二氧化碳的结构，碳原子以 sp 杂化轨道形成 δ 键。分子形状为直线形，是非极性分子。而在二氧化碳分子中，碳原子采用 sp 杂化轨道与氧原子成键。碳原子的两个 sp 杂化轨道分别与两个氧原子生成两个 σ 键。碳原子上两个未参加杂化的 p 轨道与 sp 杂化轨道成直角，并且从侧面同氧原子的 p 轨道分别肩并肩地发生重叠，生成两个 Π 三中心四电子的离域键。因此，缩短了碳—

氧原子间的距离，使二氧化碳中碳氧键具有一定程度的三键特征。决定分子形状的是 sp 杂化轨道，二氧化碳为直线型分子式。二氧化碳密度较空气大，当二氧化碳少时对人体无太大危害，但其超过一定量时会影响人（或其他生物）的呼吸，但并不会中毒。

液体二氧化碳密度为 1.1 克/厘米^3。液体二氧化碳蒸发时或在加压冷却时可凝成固体二氧化碳，俗称干冰，是一种低温致冷剂，密度为 1.56 克/厘米^3。二氧化碳能溶于水，20℃ 时每 100 体积水可溶 88 体积二氧化碳，一部分跟水反应生成碳酸。化学性质稳定，没有可燃性，一般不支持燃烧，但活泼金属可在二氧化碳中燃烧，如点燃的镁条可在二氧化碳中燃烧生成氧化镁和碳。二氧化碳是酸性氧化物，可跟碱或碱性氧化物反应生成碳酸盐，跟氨水反应生成碳酸氢铵。

木 星

木星是太阳系中距离太阳最近的一颗类木行星，这些类木行星的体积十分巨大。同类木行星相比，类地行星看起来就像微不足道的碎块。

木星是太阳系中最大的行星，直径约 14.3 万千米，比地球大 11 倍，体积大 1345 倍，质量大 318 倍。木星的体积超过了太阳系中其他 7 个行星的体积总和。

木星虽然个子很大，奇怪的是它的自转速度却非常快，只要 9 小时 50 分钟就自转一周，差不多比地球自转速度快一倍半。因此，木星上的一昼夜只有约 10 小时，成为太阳系中自转最快的行星。正是这种快速自转，使它成为一个十分明显的赤道部分突出、两极向内缩进的扁球体。

木星由于体积大，反射太阳光的能力强，在通常的情况下，它比水星亮，仅次于金星、月亮和太阳，是全天第四亮的星。

在望远镜里，木星是一个金黄色的大扁球。最引人注目的是它的表面上分布着一条条五光十色、不断移动的横向大彩带，和一些黄的、红的、淡绿色的

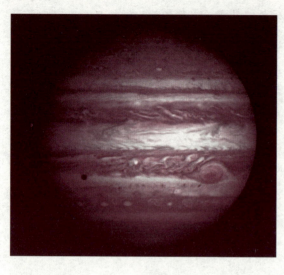

木 星

斑点。这些斑点忽少忽多、忽隐忽现，给木星披上了一层变幻莫测的神秘色彩。特别有意思的是，在这些大彩带中还夹着一块巨大的"红疤"。这块位于木星"南热带"的椭圆形大红斑，长达 20000 多千米，宽约 11000 多千米。

航天器探测表明，木星可能只是在中心有一个主要由铁和硅组成的小内核，内核之外是一层厚达 7 万千米的氢壳层，这个壳层几乎构成木星的全部质量和体积。根据组成这个壳层的物质——氢的不同性状，可以划分为内外两层，这两层虽然都是液体，但它们的物理状态却不相同。内层从中心向外伸展约 4.6 万千米，温度高达 11000℃，压力约为 300 万个地球大气压，氢处于液化金属状态。这是一种在极高压环境中的产物。我们知道，当压力超过 100 万个大气压力时，氢原子就会碎裂而使其电子从原子核中分离，氢就变成了金属。大家相信，组成木星内层的就是这种奇怪的材料。外层厚约 2.4 万千米，这一层内主要是由分子状态的液态氢组成的。因此，直到今天人们才知道，木星竟然是一个流体行星，在这层流体表面外，包裹着一层厚约 1000 千米、主要由氢和氨组成的大气层。

航天器上的紫外线仪测量证明，在木星的大气中，氢占大气总成分的 82%，氨占 17%，其余是乙炔、乙烷、甲烷和磷化氢等其他气体。

这种成分的组成，不禁使人想起了太阳。大家知道，在太阳的大气成分中氢占 88%，氦占 11%。难怪有些科学家始终怀疑木星是太阳系原始凝聚物的剩余物质，说它不像行星而很像太阳，也许它就是一颗"小恒星"，看来是有一定道理的。当然，航天器还告诉我们，木星的最高云层几乎都是由氨形成的雪片。

那么，人们以前观测到的大红斑又是什么呢？根据航天器拍摄的照片估计，看来它是高耸在木星上空 10 千米高处的旋涡状云块，性质可能是一团激烈上升的气流，有点像地球上的飓风。从"先驱者 11 号"航天器对它拍摄的高分辨率照片中看，其中似乎还有环状结构，说明它的动力过程要比地球上的风暴复杂得多。在它的下部还发现有闪电现象。

1973 年，"先驱者 10 号"航天器在木星的北半球又发现一个形状与颜色都与大红斑相似的小红斑。可是，一年以后，"先驱者 11 号"飞过木星时，小红斑开始消失，说明它的寿命可能最多只有两年。这似乎也说明红斑的产生只是气旋扰动的结果。

至于为什么常常出现红色？可能是气流中含有红磷化合物的结果。

长期使人迷惑不解的是横向大彩带和那些不断变幻的斑点，看来也是由于木星快速自转而产生的大气环流和剧烈翻腾的旋涡造成的。

木星大气层的温度高得出乎意料，高层大气的温度为 127.3℃，而低层大气的温度可能高达 427℃。这样高的温度，说明木星一定另有热源，否则不会产生这样反常的现象。果然，航天器上的仪器测到木星向外辐射的热量大约是它接受太阳的辐射热量的 2.5 倍。这种"支出"多于"收入"的现象，证明了长期以来人们关于木星能够辐射热量的推测是正确的。剧烈翻滚的云层，就是由木星内部的热量从下面对流加热的结果，就像烧开水时是从壶的下面加热那样。至于表层看到的那些引人入胜的色彩，只能用大气的化学成分来解释。但是，光谱仪器证实，木星大气中的主要成分如氢、氦、氨、乙烷、甲烷等等都是无色的，正常情况下不会产生人们看到的那些五颜六色。因此，必定还有其他状态或新的物质有待于我们去继续发现。

木星内部辐射热量的事实，其意义远不止于解释木星表面这些美丽图案的成因。因为人们知道，太阳本来也是非常微弱的，它刚从星际气体和尘云凝聚初期，中心温度并不很高，后来由于气体巨球不断收缩（相当于物质向中心坠落）而放出引力能转变为热，等中心温度到达几百万度以后，热核聚合反应才开始，才成为这个光芒万丈的大火球。木星是不是当年的太阳？是不是也正在收缩而成为一个可以自身发光的星球呢？将来会不会在太阳系内出现一对双星呢？当然，这种认识目前还有人反对。如果真是这样，将来太阳系的结构会发生什么样的变化？这也许是人们渴望了解木星状况的原因。

木星也有磁场和辐射带。木星的磁场强度比地球磁场强度高10倍以上（约为4高斯），由于木星自转很快，总磁力估计是地球磁力的万倍以上。特别有趣的是，木星的磁极方向恰恰与地球相反，它的S极在南极附近，而地球的S极是在北极附近的。围绕着木星强磁场磁感线旋转着的高能粒子，形成了一个比地球强100万倍的辐射带。

木星具有很强的磁场，其磁偶极矩约为地球的2万倍。由于磁矩大，这里的太阳风比较微弱。由于木星的快速自转，木星磁层在赤道面附近有大尺度的盘状结构。整个磁层可分为三个区域：内区、中介区和外区。内区到木星的距离在140万千米以内，是偶极场，具有和地球范·艾伦带很相似的强辐射带。中介区到木星的距离在140万~420万千米，这里的磁感线被木星自转所产生的离心力，以及从木星大气顶部出来的等离子体流所歪曲，整个区域都按木星自转速度旋转。外区离木星420万~630万千米，这里磁场相当微弱，在磁层边界的地方，磁场趋向于零。

木星的磁场是偶极场，磁场的S极和N极正好和地球相反。也就是说，罗盘在地球上和在木星上，指针所指的方向正好相反。木星的磁轴与它的自转轴之间的夹角大约为11°。

木星有一个巨大的环围绕着它运转，这个由无数暗色碎石块组成的环带，宽约数千千米，厚约30千米，它在距木星中心约12.8万千米的位置上。围绕木星转一周约需7个小时。这一发现，使太阳系内有环带的行星增加到3个。科学家们认为，这对于进一步了解太阳系的起源，有着非常重要的科学价值。

木星庞大的卫星群恐怕是太阳系最为壮观的景象了。木星拥有63颗已确认的天然卫星，使它成为太阳系中卫星最多的行星。

根据这些卫星距离木星的远近，可以划分为内外两群。靠近木星的一群，一共有5颗，称为内卫星，即木卫一到木卫五，其中4颗最大、最亮的是伽利略发现的，所以又叫作伽利略卫星，它们的共同特点是大而明亮。其中木卫三直径达4900千米，比水星（直径4878千米）还大，比月亮大1/3左右。这群卫星围绕在木星赤道平面附近，沿着几乎圆形的轨道运转，自转周期与公转周期相同。因此，和月亮与地球的关系一样，也是永远一面朝着木星。距离较远的一群共有10颗，称为外卫星，即木卫六到木卫十五，它们的体积都比较小。

最小的木卫十三直径只有 8 千米，而且距木星的距离又远，平均达 1000 多万千米。因此，不仅亮度很小，运行的轨道也不规则，独自走着与众不同的拉长的道路，运转方向也与其他卫星完全相反。有些人认为，这些小卫星可能原来是位于火星与木星间的小行星，后来，在木星与太阳的"拔河"比赛中，被木星强大的引力从太阳的重力场内抢过来的。

距离木星愈远的卫星密度愈小，这和太阳系的行星随着距太阳距离的加大而密度减小的情况是完全一致的。航天器还告诉我们，一些较大的卫星，不仅表面上覆盖着一层氨、氮、二氧化碳及水的冰状混合物，有的还包裹着一层稀薄的但厚度达 100 多千米的大气层。直径达 3240 千米的木卫一上面，还发现至少有 6 个活火山正在以 1600 千米/小时的速度喷发着气体和固体物质，喷射物的高度达 480 千米，喷发的强度比地球上的火山大得多。这是太阳系中除地球外，第一次发现另外一个天体上的火山喷发。难道木星真是一个"小太阳"吗？当然，现在要得出这种结论，显然还为时过早。不过，这些现象对于我们进一步探索天体的演化，无疑是极其宝贵的。

知识点

氢

氢是一种最原始的化学元素，化学符号为 H，原子序数是 1，在元素周期表中位于第一位。它的原子是所有原子中相对原子质量最小的。氢通常的单质形态是气体。它是无色无味无臭、极易燃烧的由双原子分子组成的气体，是已知最轻的气体。它是已知宇宙中含量最高的物质。氢原子存在于水及所有有机化合物和活生物中，导热能力特别强，跟氧化合成水。在 0℃和一个大气压下，每升氢气只有 0.09 克——仅相当于同体积空气质量的 1/14.5（实际比空气轻 14.38 倍）。

在常温下，氢气比较不活泼，但可用催化剂活化。单个存在的氢原子则

有极强的还原性。在高温下氢非常活泼，除稀有气体元素外，几乎所有的元素都能与氢生成化合物。

在地球上和地球大气中只存在极稀少的游离状态氢。在地壳里，如果按重量计算，氢只占总重量的1%；而如果按原子百分数计算，则占17%。氢在自然界中分布很广，水便是氢的"仓库"——水中含11%的氢；泥土中约有1.5%的氢；石油、天然气、动植物体也含氢。在空气中，氢气倒不多，约占总体积的一千万分之五。在整个宇宙中，按原子百分数来说，氢却是最多的元素。据研究，在太阳的大气中，按原子百分数计算，氢占81.75%；在宇宙空间中，氢原子的数目比其他所有元素原子的总和还多约100倍。

延伸阅读

航天器，又称空间飞行器、太空飞行器。按照天体力学的规律在太空运行，执行探索、开发、利用太空和天体等特定任务的各类飞行器。世界上第一个航天器是苏联1957年10月4日发射的"人造地球卫星1号"，第一个载人航天器是苏联航天员加加林乘坐的"东方号"飞船，第一个把人送到月球上的航天器是美国"阿波罗11号"飞船，第一个兼有运载火箭、航天器和飞机特征的飞行器是美国"哥伦比亚号"航天飞机。航天器为了完成航天任务，必须与航天运载器、航天器发射场和回收设施、航天测控和数据采集网与用户台站（网）等互相配合，协调工作，共同组成航天系统。航天器是执行航天任务的主体，是航天系统的主要组成部分。中国载人航天工程于1992年启动，截至2012年6月中国已将6名航天员送入太空，而且在"神九"还有一名中国女性的身影。

航天器具有多种分类方法，即可以按照其轨道性质、科技特点、质量大小、应用领域进行分类，按照应用领域进行分类，是使用最广泛的航天器分类法。

航天器分为军用航天器、民用航天器和军民两用航天器，这三种航天器都可以分为无人航天器和载人航天器。无人航天器分为人造地球卫星、空间探测器和货运飞船。载人航天器分为载人飞船、空间站和航天飞机、空天飞机。

人造地球卫星分为科学卫星、技术试验卫星和应用卫星。科学卫星分为空间物理探测卫星和天文卫星。应用卫星分为通信卫星、气象卫星、导航卫星、测地卫星、地球资源卫星、侦察卫星、预警卫星、海洋监视卫星、截击卫星和多用途卫星等。

空间探测器分为月球探测器、行星及其卫星探测器、行星际探测器和小行星探测器。

航天器的出现使人类的活动范围从地球大气层扩大到广阔无垠的宇宙空间，引起了人类认识自然和改造自然能力的飞跃，对社会经济和社会生活产生了重大影响。

航天器在地球大气层以外运行，摆脱了大气层阻碍，可以接收到来自宇宙天体的全部电磁辐射信息，开辟了全波段天文观测；航天器从近地空间飞行到行星际空间飞行，实现了对空间环境的直接探测，以及对月球和太阳系大行星的逼近观测和直接取样观测；环绕地球运行的航天器从几百千米到数万千米的距离观测地球，迅速而大量地收集有关地球大气、海洋和陆地的各种各样的电磁辐射信息，直接服务于气象观测、军事侦察和资源考察等方面；人造地球卫星作为空间无线电中继站，实现了全球卫星通信和广播，而作为空间基准点，可以进行全球卫星导航和大地测量；利用空间高真空、强辐射和失重等特殊环境，可以在航天器上进行各种重要的科学实验研究。

随着航天飞机和其他新型航天运输系统的使用、空间组装和检修技术的成熟，人类将在空间建造各种大型的航天系统，例如，直径上千米的大型光学系统、长达几千米的巨型天线阵和永久性空间站等。未来航天器的发展和应用主要集中在三个方面：进一步提高从空间获取信息和传输信息的能力，扩大应用范围；加速试验在空间环境条件下生产新材料和新产品；探索在空间利用太阳辐射能，提供新能源。从空间获取信息、材料和能源是航天器发展的长远目标。

土 星

土星概况

土星是太阳系里仅次于木星的第二大行星。土星轨道在木星轨道外面，所以它到太阳的距离比木星远。土星和木星一样，有巨大的身躯和巨大的质量。它们像是一对孪生兄弟，都属于巨行星。在八大行星中，它的大小和质量都名列第二，仅次于木星。土星体积是地球的 745 倍，质量是地球的 95 倍。和木星一样，土星的大部分是由氢和氦组成的。这些物质在靠近土星中心的地方，被压缩成液态。然而事实上，土星的密度相当小——只有水的密度的 70%。土星和木星旋转得几乎一样快，而且由于它的密度较低，它的自转使它变得更加扁平了。土星两极间的直径，较其赤道上的直径足足要少 1/10。

土星有为数众多的卫星。精确的数量尚不能确定，所有在环上的大冰块理论上来说都是卫星，而且要区分出是环上的大颗粒还是小卫星是很困难的。到 2009 年，已经确认的卫星有 62 颗，其中 52 颗已经有了正式的名称；还有 3 颗可能是环上尘埃的聚集体而未能确认。许多卫星都非常小，其中 34 颗的直径小于 10 千米，另外 13 颗的直径小于 50 千米，只有 7 颗有足够的质量能够以自身的重力达到流体静力平衡。

其中土卫六的特殊之处在于，它是太阳系中两个最大的卫星之一（另一个是木卫三）。土卫六和木卫三的体积都是月球体积的 1.5 倍。但土卫六的密度相当低，它可能大部分是由冰一类的物质组成的。土卫六可能也是太阳系中唯一一个具有大气层的卫星（如果我们把木卫一的神秘氢云除外）。借助光谱分析，已经检验出土星大气中有甲烷和氢气，而且有些观察者已经推测，那里可能也存在着有机化合物。那里的气体密度相当大，而且大气的压力可以达到地球表面的大气压。

土星沿着椭圆形轨道绕太阳公转，因此它到太阳的距离时远时近，最近和最远时距离相差 1.5 亿千米，正好等于地球到太阳的平均距离。土星到太阳的平均距离大约14亿千米，是地球轨道平均半径的9.5倍。土星公转的平均速度约为每秒9.64千米，29.5年绕太阳公转一圈。

土星也是快速自转的，但比木星稍微慢一点。土星的自转速度各地不相等，赤道上自转一周需要10小时14分钟。纬度越高，自转越慢，到纬度为60°的地方，自转一周需要10小时40分钟了。快速自转使土星变成了一个扁球。

土星的轨道面与赤道面的交角是26°44′，比地球的黄赤交角大。因此，土星上也有昼夜交替和四季变化。土星的昼夜很短，而四季却很长，一个土星春秋竟有2万多个土星昼夜！

土星也是天空中的亮星，最亮时是负0.4等星，比天狼星还亮。一般情况下，它的亮度可与天空中最亮的恒星相比。

用望远镜看土星，漂亮的光环和众多的卫星立刻映入我们的眼帘；此外，还可看到它上空缭绕着色彩斑斓的云带。土星的云带像木星那样，排成彩色的亮带和暗纹，所不同的是，土星云带比木星规则，色彩不如木星鲜艳。土星云带以金黄色为主，兼有淡黄和橘黄等色，极区呈浅蓝色。

土星没有大红斑，但有时会出现白斑，最著名的白斑出现在土星赤道区，呈花生果形，长度为土星直径的1/5。以后不断扩大，几乎蔓延到整个土星赤道带。

土星周围也有一层大气。土星的大气以氢、氦为主体，并含有甲烷和其他气体。土星大气中飘浮着由稠密的氨晶体组成的

土　星

云。根据红外观测，云顶的温度为－155℃，比木星上空温度低。由于温度低以及只有达到35.6千米/秒速度的物质才能逃离土星，所以土星形成时所拥有的全部氢和氦现在都保留着。

土星大气似乎也有强烈的对流，因此，也刮着时速数百千米的大风，表面

上那些带状斑纹，看来正是这个原因造成的。此外，它的两极都"戴"着一顶淡蓝色的"帽子"——极冠，这是木星所没有的特点。

由于土星距太阳如此遥远，从太阳得到的热量很少，使土星成为一颗温度很低的星球。红外线测量发现，云层上端的温度约为 -150℃ 左右。至于云层下部的情况如何，目前还不知道。

1937 年维尔特提出关于土星内部结构的模型。根据这个模型，土星有一个直径为 20000 千米的岩石核心，外面是 5000 千米厚的冰壳，再外面是 8000 千米厚的金属氢层，最外面是广延的分子氢大气。

土星是第六个被发现有磁层的行星。土星磁层是一个复杂的结构，其大小大约相当于 1/3 个木星磁层。向阳面磁顶到土星的距离约为 160 万千米。

土星磁层是一个由磁场、带电粒子和无线电讯号等一起组成的特殊区域，它对可见光是透明的。至于它里面的复杂构成，在一般的天文照片上是看不出来的。因此，很长时间以来，人们不知道宇宙中还有这么一个有趣的结构存在。

土星磁场是偶极场，偶极轴相对于行星中心有不大的位移，偶极轴与行星自转轴几乎平行。在距离土星小于 10 个土星半径的地方，土星磁场小于偶极场；在距离土星大于 10 个土星半径的地方，土星磁场大于偶极场。这表明在土星周围有较强的运动电荷存在。

土星光环

在望远镜里看星星，除了月亮以外，最好看的莫过于土星了。土星美，美在光环，美丽的土星光环早已名扬四海。

土星光环

土星光环是伽利略在 1610 年首先看到的。1675 年，意大利天文学家卡西尼在土星光环中发现一圈空隙，这就是著名的卡西尼隙缝。1856 年，英国物理学家麦克斯韦证明，固体光环是不稳定的，要碎裂和瓦解。从此人们才清楚，光环是由无数个小碎块组成的。它们是一个个微小的卫星，沿着自己的轨道绕土星公转。千万颗碎块散布在轨道各处，浩浩荡荡，并排向前走，从远处望去才构成一个美丽的光环。美国科学家基勒用观测证明了麦克斯韦的理论。

土星光环位于土星赤道面上，由3个主环和3个暗环组成。3个主环是A环、B环和C环，A环在外，C环在里，B环居于中间。主环的内边缘离土星中心75000千米，外边缘离中心137000千米，宽约60000千米，可以容纳5个地球在上面赛跑。

B环既宽又亮，内半径为90000多千米，外半径为110000多千米，宽25000千米。B环和A环中间有宽约5000千米的隙缝，这就是卡西尼隙缝。A环宽约15000千米，比B环暗。C环又称纱环，宽约20000千米，很暗。1969年，在C环内发现更暗的D环，它几乎触及土星表面。后来，又在A环外面发现了非常稀薄的E环，它一直延伸到土卫四。1979年，"先驱者11号"宇宙飞船又在土卫五和土卫六之间发现了第六个光环，这就是F环。它有时呈辫状结构，好像几个环扭结而成的。

"旅行者"空间探测器飞过土星时，发现土星光环是由成千上万条细而窄的环构成的。土星环好像一张大唱片，唱片上密密麻麻的细纹就像土星的细环，即使在公认为没有物质的环缝中，也能找到几条细环。是什么机制维持住这样细而窄的环呢？是密度波，还是游荡的"牧羊卫星"？至今还没有定论。

土星的卫星

到2009年，已确认土星有62颗卫星，成为太阳系中卫星数量第二多的行星。不仅如此，地面观测还发现有几颗可疑的土星卫星，虽然还没有被确定，说不定其中几个也是土星家族的成员。

在这60多个"土卫"中，已知土卫九（或许还有土卫八）是逆向运行的。其他多数都是公转周期等于自转周期，因此，它们像月亮对地球那样，始终以同一面对着土星。除了土卫八和土卫九以外，都是规则卫星，它们以近圆形轨道在土星赤道面上顺向绕土星运行。

土卫六又名提坦，它是1655年被惠更斯发现的，其半径为2575千米。它在距离土星平均约 122.1 万千米的轨道上绕土星旋转。最近，在这颗大卫星上，发现有一层主要是甲烷组成的大气包裹着它。

土卫八半边亮半边暗，亮的半边如同白雪，暗的半边好像沥青，两者亮度相差 5 ~ 6 倍。这是一颗不规则卫星。它的轨道平面与土星赤道面的夹角是 14.7°，与土星轨道平面的夹角是 16.3°。

土卫九是 1898 年被发现的，是目前已知的最小的土星卫星，直径只有 300 千米，在一个偏心率为 0.1633 的椭圆形轨道上绕土星公转，其轨道面与土星赤道面的交角约为 150°，是一个运动方向与其他"土卫"相反的卫星，而且绕土星转一圈要花地球上一年半那么长的时间。

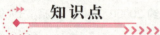
知识点

流体静力平衡

静水压平衡（英文：Hydrostatic equilibrium）是指当由于地球重力产生的压力和由压力梯度形成的与前者方向相反压强梯度力之间的平衡。这两种力之间的平衡也称为静力学平衡、流体静力平衡。

流体静力平衡是恒星不会向内坍缩（内爆）或爆炸的原因。在恒星内部给定的任何一层，都是在热压力（向外）和在其外物质的质量产生的压力（向内）平衡的状态，这种平衡称为流体静力平衡。恒星就像一个气球，气球内部的气体向外挤压，大气压力和弹性材料提供足够的向内的抵抗压力，使气球的内外压力平衡。在恒星的情况下，恒星内部的质量提供向内的压力，各向同性的重力场压缩恒星使它成为最紧凑的形状：球形。

YUZHOU JIAZU GHENGYUAN DABIPIN

延伸阅读

旅行者号空间探测器，是 1977 年美国发射的两个行星探测器。它们巧妙地利用巨行星的引力作用，使它们适时改变轨道，从而达到同时探测多颗行星及其卫星的目的。两个探测器各重 815 千克，结构大体相同，带有宇宙射线传感器，等离子体传感器，磁强计，广角、窄角电视摄像仪，红外干涉仪等 11 种科学仪器，耗资 3.5 亿美元。

1 号探测器

1 号探测了木星和土星，2 号则探测了木星、土星、天王星和海王星，取得了巨大的成功，发回约 5 亿个数据。提供了有关木星磁场、磁层、大气、内部结构的可靠资料，发现了木星极光、木星环和 5 颗新木卫，详细考察了伽利略卫星；经过土星时，发现土星环的细节结构和众多新的动力现象，22 个土卫构成复杂的运动系统，证实了巨行星有自己的能源，表面是液态氢的海洋，导致人们对行星观念发生了深刻的改变。

2 号探测器

2 号还探明了天王星的大气、磁场情况，修订了其自转周期值，提出其独特的内部结构模型，发现 10 颗新天卫和 11 条新天王星环；有关海王星的重大发现有：探明其大气组成及剧烈的大气活动，发现表面上的黑斑和亮斑，探明其磁场、磁层和内部结构，确证了它的 5 条环带和 6 颗新海卫，尤其海卫一的成果更有重大价值。两个探测器将从不同方向飞出太阳系。它们都携带有一张特殊的镀金唱片"地球之音"，上面录制了有关人类的各种音像信息：60 个语种向"宇宙人"的问候语、35 种自然界的声音、27 首古典名曲、115 帧照片。预计唱片可在宇宙间保存 10 亿年之久。

按计划，旅行者探测器将飞出太阳系，飞向茫茫宇宙深处。

天王星

在八大行星队伍里，天王星是第三号巨星，是类木行星的一员。它的赤道半径为 26000 千米，体积约是地球的 65 倍，质量和 15 个地球质量相当，仅次于木星和土星。

天王星的轨道位于土星轨道外面，到太阳的平均距离是 29 亿千米，约等于 19 个天文单位。由于离太阳远，接收太阳的光和热不到地球的 3‰，因此，它的表面温度很低，平均温度是 –200℃ 左右。当太阳照射在它的赤道上时，天王星上也有昼夜的变化，不过这个昼夜出现的区域是相当狭小的，只出现在赤道南北各 8° 的区域。其他区域，要么是茫茫长夜，要么是漫长的白天，见不到昼夜替换。

天王星在太阳系中独特的一点是，它的自转轴对黄道面的倾角是 8°。这意味着天王星实际上是躺在其轨道面上滚动的。另外，天王星也是自东向西自转，这一点是和金星唯一的共同之处。天王星自转的速度也很快，只要 10 小时 49 分钟就自转一周。可是，在围绕太阳公转的轨道上走得却很慢（大约 6.8 千米/秒），因此，围着太阳转一圈需要 84 个地球年。

在天王星表面有一层厚冰，冰层内部是个含金属铁的岩石核。人们把天王星表面的冰层称为天王星幔，它的主要成分是水冰和氨水。

天王星也有一层稠密的大气，光谱分析证明，它的主要成分是氢、氦和甲烷。今天我们的观测还只限于大气的外层，这层大气的性状和其他更多的细节都还很不清楚。至于大气的下面还隐藏着一些什么东西，甚至这个星球有没有一个固体的表面，都还一无所知。

航天器探测表明了天王星有类似木星和土星的磁层和辐射带，其磁轴与自转轴夹角为 55°；测量了天王星大气的温度轮廓、压力随温度的变化以及赤道到两极的温度分布；探测了天王星电离层的射电变化，测出天王星有极光，而且电辉光与气辉光之比为 7∶3；重新测定了天王星的自转周期，新测定的自转周期值是 16.8 小时；探测出天王星本体由大气、海洋和熔岩核心组成，其中大气占半径的 1/2，海洋和核心各占半径的 1/4；考察了 5 个大卫星的地形，发现天卫五表面具有极其复杂的地貌。

天王星也有光环，天王星周围已被发现 11 个光环了，数量已经超过以光环闻名的土星。由于天王星环的宽度不大，所以在地球上从望远镜里无法直接看到它们的形状。天文学家用红外光拍下的天王星环照片表明，天王星环是由许多小固体块组成的，大概含有石块。

天王星拥有 27 颗已知的天然卫星。天王星的卫星被分作 3 群：13 颗内圈卫星、5 颗主群卫星和 9 颗不规则卫星。内圈卫星为暗黑色的小天体，并和天王星环有着相同的属性和来源。5 颗主群卫星的质量足够大，能使自身坍缩成近球体；其中 4 颗显示出内部活动的痕迹，如形成峡谷和火山喷发。天卫三是当中最大的，其直径有 1578 千米，为太阳系第八大卫星，质量比地球的卫星月球小

天 王 星

20 倍。天王星不规则卫星的轨道离心率和轨道倾角都很高（大部分为逆行），并且距离天王星很远。

天卫五、天卫一、天卫二、天卫三和天卫四到天王星中心的距离分别是130000 千米、192000 千米、267000 千米、438000 千米和 586000 千米，公转周期分别是 1.414 天、2.520 天、4.144 天、8.706 天和 13.463 天。它们都在近圆形轨道上绕天王星运行，轨道面和天王星赤道面交角很小。它们是规则卫星。

关于天王星光环和卫星的成因众说纷纭，至今还没有明确的定论。

YUZHOU JIAZU CHENGYUAN DABIPIN

知识点

甲　烷

甲烷是最简单的有机物，也是含碳量最小（含氢量最大）的烃，是沼气、天然气、坑道气和油田气的主要成分。

甲烷是无色、无味、可燃和微毒的气体。甲烷对空气的重量比是0.54，比空气约轻一半。甲烷溶解度很小，在20℃、0.1千帕时，100个单位体积的水，只能溶解3个单位体积的甲烷。同时甲烷燃烧产生明亮的蓝色火焰，然而有可能会偏绿，因为燃烧甲烷要用玻璃导管，在制玻璃的时候含有钠元素，所以呈现黄色的焰色，甲烷烧起来是蓝色，所以混合看来是绿色。

甲烷是在创造适合生命存在的条件中扮演重要角色的有机分子。美国国家航空航天局喷气推进实验室的天文学家，利用绕轨运行的哈勃太空望远镜得到了一张行星大气的红外线分光镜图谱，并发现了其中的甲烷痕迹。相关发现刊登在英国出版的《自然》杂志上。

延伸阅读

天文单位，英文：Astronomical Unit，简写AU，是一个长度单位，约等于地球跟太阳的平均距离。天文常数之一。天文学中测量距离，特别是测量太阳系内天体之间的距离的基本单位，地球到太阳的平均距离为一个天文单位。1天文单位约等于1.496亿千米。1976年，国际天文学联合会把1天文单位定义为一颗质量可忽略、公转轨道不受干扰而且公转周期为365.2568983日（即1高斯年）的粒子与一个质量相等约一个太阳的物体的距离。当前被接受的天文单位是149597870691±30米（约1.5亿千米或9300万英里）。

当最初开始使用天文单位的时候，它的实际大小并不是很清楚，但行星的距离却可以凭借日心几何及行星运动法则以天文单位做单位来计算出来。后来天文单位的实际大小终于透过视差以及近代用雷达来准确地找到。虽然如此，因为引力常数的不确定（只有五六个有效位），太阳的质量并不能够很准确地确定。如果计算行星位置时使用国际单位，其精确度在单位换算的过程中难免会降低。所以这些计算通常以太阳质量和天文单位做单位，而不用千克和千米。

在生活中，常用"天文单位"（天文数字）来形容一个非常大的数。

海王星

海王星离地球40多亿千米，人的眼睛看不见它，但遇上观测它的良好时机，只要一架小望远镜，再对照一幅星图去寻找，也可以找到这颗淡绿色行星。

海王星到太阳的平均距离大约是44.95亿千米，比地球到太阳的距离远30倍。由于离太阳十分遥远，它接收太阳的光和热只有地球接收的1‰，因此，那里的温度很低，一般在－200℃以下。据估计，那里有厚达8000千米的冰层。冰层下面是岩石构成的核，核的厚度也是8000千米。

海王星半径约为25100千米，差不多是地球的4倍。体积约为地球的44倍。质量同17个地球相当，所以它的密度比地球小得多。

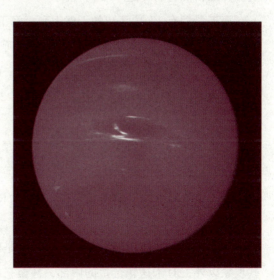

海 王 星

　　海王星绕太阳公转一圈相当于 165 年，可它自转一周只需要 15 小时 40 分钟，也就是说，海王星上的一天约等于地球上的半天多一点。可是，它围绕太阳公转的轨道半径比地球公转轨道的半径长约 30 倍，而且走得又非常慢（平均轨道速度只有 5.4 千米/秒），因此，围绕太阳转一圈需要将近 165 个地球年，或者说海王星上的一年有 91500 多个昼夜。从人类发现它到现在，它还没有围着太阳绕完一圈呢！

　　海王星的转轴倾斜有 29°，因此这个星球上可能和地球一样也有四季交替。不过，根据它距太阳的遥远距离推测，太阳赋予它的光和热不会给这里的四季带来什么明显的变化

　　海王星大气层的主要成分除了氢和氦以外，还含有比较多的甲烷。是不是这些气体的结合使得海王星呈现漂亮的淡绿色？或者还有别的什么成因？那就需要更进一步的研究了。

　　航天器探测发现，海王星也有光环，这是在太阳系里第四个有光环的大行星。海王星有 5 条光环，它们有的是完整的环，有的是不完整的，这对研究太阳系行星光环的理论提出了新的挑战。

　　航天探测器还发现海王星也有磁场。它的表面也有和木星大红斑类似的构造。详细情况还有待进一步研究。

　　海王星拥有 13 颗已知的天然卫星。海卫一由于体积很大，直径达 4000 千米，仅次于木卫三和木卫四，在太阳系的所有卫星中名列第三。由于它的质量足够大，使其能坍缩成近球体形状。海卫一的轨道很特别，虽然呈正圆，但却逆行，轨道倾角也很高。海卫二直径只有 300 千米，距离海王星远达 556 万千米。

　　在海卫一的轨道以内有 6 颗不规则卫星，轨道均为顺行，轨道倾角不高。其中有些运行于海王星环间。

　　海王星还有 6 颗外圈不规则卫星，它们距离海王星更远，而且轨道倾角很高，包括顺行和逆行的卫星。

　　目前，人们对海王星的认识，可以说是极其肤浅的。除了表面上看到的这些现象以外，对于这颗行星的内部，甚至它的表面是个什么样子，现在都还一无所知。

知识点

行星光环

对于远离太阳的类木行星来说，除了有其绕转的卫星外，还有另一类绕转的物体，这就是行星光环。行星的光环一般情况下由冷冻气体和尘埃共同构成，其色彩由构成行星光环的物质微粒的大小决定。构成行星光环的微粒体积不同，对白色太阳光的散射程度就有差异：体积较大的微粒对太阳光的散射接近色谱红色区域，而体积较小的微粒则靠近蓝色。

行星光环的形成在于其环绕的物质离行星更近，这些物质的质量不很大，因而物质团块的体积在不很大时就会超过它的洛希体积（如果星体体积大于它的洛西体积，则星体上的物质就会由于另一颗星的引力而流出，像密近双星的两颗子星交换物质那样），使它们不能凝聚成一个大的卫星，而只能形成环绕行星运动的连续分布的物质系——即光环，例如著名的土星光环就是这样形成的。现已知道，木星、天王星和海王星都有光环，不过它们的光环比较暗弱，不像土星光环那样明亮，比较容易在地面上用望远镜发现。

延伸阅读

海王星的发现。太阳系有八大行星，从里往外数，最外面的两颗依次是：天王星、海王星。因为这两颗行星离地球较远，所以发现得很迟。

1781 年，英国天文学家赫歇耳，用望远镜发现了天王星。19 世纪，人们在对天王星进行观测时，发现它的远行总是不太"守规矩"，老是偏离预先计算好的轨道。到 1845 年，已偏离有 2′ 的角度了。这到底是什么原因呢？数学家贝塞尔和一些天文学家设想，在天王星的外侧，一定还存在一颗行星，由于它的引力，才扰乱了天王星的运行。可是，天涯无际，到哪儿去寻找这颗新的行星呢？

1843年，英国剑桥大学22岁的学生亚当斯，根据力学原理，利用各种数学工具，通过10个月时间的计算，确定了这颗未知行星的位置。在此年10月，他满怀信心地把计算结果寄给英国格林威治天文台台长艾利。不料，这位台长是一个迷信权威的人，对他的结果未予理睬。再晚些时候，法国巴黎天文台青年数学家勒维耶于1846年计算出了这颗新行星的轨道。他于这年9月18日写信，给当时拥有详细星图的柏林天文台的工作人员加勒，信中写道："请你把望远镜对准黄道上的宝瓶星座，即经度326°的地方，那么你将在离此点1°左右的区域内见到一颗9等星（肉眼所能见到的最弱的星是六等星）。"加勒在9月23日接到了勒维耶的信，当夜他就按照勒维耶指定的位置观察，果然在半小时之内，找到一颗以前从未见过的星，距勒维耶的计算位置相差只有52′。经过24小时的连续观察，他发现这颗星在恒星间移动着，的确是一颗行星。所有天文学家经过一段时间的讨论，都公认它便是太阳系的第八颗大行星，并根据希腊神话故事，把它命名为海王星。这是人们用笔最早计算出的行星。

认 知 恒 星

恒星是由炽热气体组成的，是能自己发光的球状或类球状天体。由于恒星离我们太远，不借助于特殊工具和方法，很难发现它们在天上的位置变化，因此古代人认为它们是固定不动的星体。我们所处的太阳系的主星太阳就是一颗恒星。晴朗无月的夜晚，且无光无染的地区，一般人用肉眼大约可以看到6000多颗恒星。借助于望远镜，则可以看到几十万乃至几百万颗以上。估计银河系中的恒星大约有1500亿至2000亿颗。多数恒星的年龄在10亿至100亿岁之间，有些恒星甚至接近观测到的宇宙年龄——137亿岁。目前发现最老的恒星是 HE 1523 - 0901，估计年龄是132亿岁。质量越大的恒星寿命越短暂，主要是因为质量越大的恒星核心的压力越高，造成燃烧氢的速度也越快。许多大质量的恒星平均只有100万年的寿命，但质量最轻的恒星（红矮星）以很慢的速率燃烧它们的燃料，寿命至少有1兆年。

观察恒星

人类从什么时候开始观察星星

晴朗无月光的夜晚，满天是闪烁着的星星，好比"青石板上钉铜钉，千颗万颗数不清"。真的数不清吗？不是的，直接用眼睛看，同时看得到的星星是数得出来的，有 3000 颗左右。任何时候人们只能看到天空的一半，所以整个天空上人眼能直接看到的星星约 6000 颗。眼力好的人可以看到比这更多些，眼力差的人看到的比这少些。这 6000 颗星星绝大部分是自己发光的恒星，只有 5 颗是自己不发光的行星，就是金、木、水、火、土这 5 颗行星。

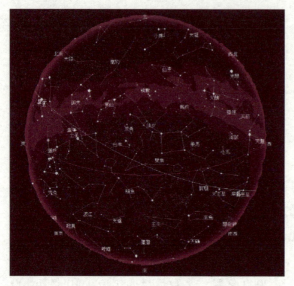

星 空

如果追溯人类的历史，提出这样一个问题："地球上的先民们，他们从什么时候开始注意天空中的星象？"

远在 4000 年前，我国的甲骨文上早已有观察天象的记录。由此可以肯定地说，至少在人类过着游牧生活的那个时候起，人们就普遍地注视着天空中日、月和星辰的出没情况。

无疑地，开始是容易观察到日、月和五大行星（金星、木星、水星、火星和土星）在天空中位置的有规律变化，而其他星体则除了东出西没和出现的季节有所不同之外，似乎它们之间的相对位置是永远不变的，所以把它们称为"恒星"。

恒星东升西落，但是恒星构成的星座图形却不变化。于是，古代人们以为恒星镶嵌在一个巨大的天球球壳上，连同整个球壳一起旋转。在我国，无论是盖天说还是浑天说，都是这样来理解恒星的；在阿拉伯和欧洲，无论是托勒密还是哥白尼，也都是这样设想的。抱着这种观念，当然不能理解恒星是什么，他们也不大谈论恒星。

唯有宣夜说主张天不是一个球壳，日月星辰并不在天球壳上，而是浮悬在虚空之中。

宣夜说的思想在当时是难以被人们接受的。我国古代成书于晋代的《列子》一书中有个"杞人忧天"的故事，反映了人们对宣夜说的怀疑。杞国有个人听说天不是球壳，众星悬在虚空之中，便担心天会崩塌下来，以致吃不下饭，睡不着觉。后来有人告诉他：天不过是气体的积累，是不会崩塌的。杞人又问：天如果是气，日月星宿不会掉下来吗？开导他的人说：日月星宿也是气体的聚集，只不过是发光的气体，掉下来也不要紧。这才解除了杞人之忧。

杞人可以说服，但是对于星星悬在虚空之中的观点，古人还是拿不出有说服力的论据。到底星星是虚浮在空中还是固定在一个天球壳上，在古代是无法判断的。因为这两种看法的根本区别在于星星的距离是否都相同，而要测定星星的距离，在古代还办不到。

现在天文学家们都知道所有的恒星，它们都是一颗颗遥远的太阳，也包括我们的太阳在内，它们的位置都不是"永恒"不变的，它们都会在宇宙中朝着某个方向运动着。

恒星距离我们有多远

恒星的远近

虽然人们从观察日、月和五大行星（金星、木星、水星、火星、土星）的运行到发现恒星自行经历了漫长的岁月，但这还只是限于对天球表面上所发生的一些现象的认识。与此同时，有许多古代的天文学家和哲学家在思索星星的秘密时，就产生了一连串的问题：这些星辰有没有远近之分？如果有的话，它们的距离又是多大？怎样去测量？

对这些问题，历史上存在着两种主要的答案：

一种是认为星体似乎没有远近之分，它们都镶嵌在天球上某一个地方，像轮子一样绕着静止的地球不分昼夜地旋转着。到了公元 2 世纪时，希腊的托勒密集中发展了这种看法。这种复杂而又错误的思想体系结合了宗教与政治势力，在欧洲统治着人们的思想达 1000 多年之久。

另一种是开始于公元前 3 世纪，希腊人阿里斯塔恰斯所设想的、长期被排斥的思想答案。这就是到了 16 世纪由波兰天文学家哥白尼所完成的"日心说"思想体系。随后又经历二三百年之久，才取得最后的胜利。

为什么正确的日心说要经过这么长时间的发展和斗争才会得到人们的普遍

YUZHOU JIAZU ZHENGYUAN DABIPIN

承认呢？其问题的一方面是出于恒星距离我们实在太遥远了。过去人们无从想象其真实情况，不得不花费很长的时间，才找到能测出恒星距离的方法。

这个方法的原理是很简单的。古希腊人就已经熟知"视差"的几何学原理，可据此测量远处物体的距离。

从19世纪30年代开始，天文学家们开始测量出恒星的距离，从而肯定了恒星距离我们有远、有近。所有星星镶嵌在假想的天球上，那只是一种视觉现象。如果不用一定的测量方法，人眼是难于发现恒星有远近之分的。

测量距离的方法

根据几何学原理，已知两角和一夹边，便可求出三角形的其他边和角的值。当然，π 角的大小是与测量的夹边基线 ab 的长短有关。ab 越长，π 角也越大，而且把 ab 量得越准确，所求得距离也越精确。对于同一条固定的基线 ab 来说，更远一些的点的视差角也更小一些，所求得的距离的精确度也较差一些。再远得多的话，这条基线就会失效的，要另行选择更长一些的基线。

一句话，要测量远处一点的距离，必须尽量选择基线尽可能长一些的，才能准确地求得该距离的数值。

恒星的距离比起地球的直径要大得多，要想在地面上找到一条合适的基线去测量它的距离是不可能的。当人们知道了地球是围绕太阳旋转之后，就有许多天文学家试图利用地球在一年中相对太阳的位置变化，作为测量恒星距离时的基线。如果把地球绕日的公转轨道看作一个圆，当一年中某个时刻，地球的所在位置设为 E_0 点。经过半年之后，当地球走到 E_1 点时，就得到一条很长的基线 D，即地球轨道的直径，约为3亿千米。

日地距离是已知的，约为1.5亿千米，恒星的视差由观测得到。日、地、星三者组成一个直角三

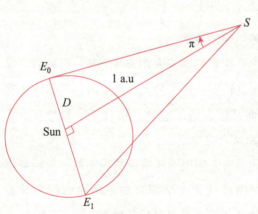

视差法测距

角形。依据三角学的公式，就可以计算出恒星到太阳的距离。因此，测量恒星的距离，常常称为测量恒星的视差。

由观测所求得的恒星距离是对太阳来说的，但由于日地距离比起恒星距离来说是微不足道的，所以恒星的距离也可算作恒星与我们地球的距离。

恒星的距离实在太大了，如果用千米作为单位，那数字就得写得很长很长。所以改用下列两种单位来表示：

一种是"秒差距"。它是视差为 1 秒时的距离。1 秒差距大约等于 30.8568 万亿千米。

另一种是"光年"。光在 1 秒钟内约走过 30 万千米，光在一年的时间中所走过的距离约为 10 万亿千米，就称为 1 光年。用光年表示时，1 秒差距等于 3.26 光年。几个单位的准确值如下：

1 天文单位 = 日地平均距离 = 149600000 千米

1 秒差距 = 206265 天文单位

1 秒差距 = 3.26 光年

1 光年 = 94605 亿千米

利用上述的三角视差测量法，在 19 世纪 30 年代，有 3 位不同国家的天文学家差不多在同一时期测出亮星的视差，他们是德国的贝塞耳、英国的亨德逊和俄国的斯特鲁维。

南门二可算得上是我们太阳系的邻居了，它是离我们太阳系最近的一颗恒星。其实它是由 3 颗星组成的，其中有一颗离我们最近，叫作比邻星，它距离我们约为 4.22 光年。这段距离，如果是时速 100 千米的快车不停地奔驰，也得坐上 4000 多万年才能走完！如果乘宇宙飞船，每秒钟飞 8 千米，由地球直线飞抵比邻星也要 16 万年的时间！这样，你就可以理解恒星距离我们有多远了。

三角视差法虽然原理简单，可以利用大望远镜直接测量恒星的距离。但是所测得的结果要受到光学仪器性能的限制，它的精密度最高也无法优于 0.005″。这就表明，一颗恒星的视差在 0.01″以下，就测得不很精确了。因此，三角视差法只能测量二三百光年范围内的恒星的距离。对于更远的星，三角视差法就显得无能为力了。不过，天文学家又想出许多办法来测出遥远的恒星的距离。这些间接方法还是要用直接测量的三角视差作为基础来延伸和扩大的。所以说恒星的三角视差是我们打开恒星世界秘密的一把主要的钥匙。

恒星不是永恒不动的

恒星是由其位置恒定不动而得名的。实际上却名不副实。

通过距离的测定我们知道，恒星太遥远了，它们的运动是不容易被察觉的。为了研究恒星的运动，一方面需要比较长的时间，才能显出它们的位置有比较显著的变化；另一方面需要精确的仪器来测出这种微小的变化。

首先，天文学家把恒星在当代的位置同古代星图和星表加以比较，发现了恒星的位置的确是变化的。照相术发明以后，更容易从相隔多少年拍摄的两张天体照片加以比较测定出恒星位置的变化。

恒星位置变化的原因很多，例如地球的运动就会使我们观测到恒星的位置不同。把各种外在原因一一排除之后，剩下来的恒星的位置变化便只能归之于恒星本身的运动，这就是恒星的"自行"。

恒星彼此之间相对运动的速度达每秒几十千米。这岂不比火箭还快吗？是的。然而把它一年中所走的路程和它的距离相比，仍然是微不足道的，所以它在天空中移动的角度很小。自行最快的巴纳德星每年才移动 10 角秒（每角秒合 1/3600 度），180 年才移动相当于月亮所张的角度（半度）。难怪古人认为恒星是恒定不动的了。

对于第一个发现恒星会运动的人来说，自然是一件不容易的事，这至少要观察相隔数百年乃至上千年之久的某几颗恒星的位置的变化之后，才会明显地看出来。这对于寿命和工作只有数十年光景的人们来说，谈何容易。所以只有把自己的观测结果和前人的观测结果进行比较才会发现。我国唐代天文学家僧一行，就是这样做的。他发现了恒星位置的变化，用现代的天文学术语来说，就是恒星的"自行"。后来英国天文学家哈雷在 1718 年把当时他所测得的许多颗恒星位置与公元前 200 年希腊人所记录的星图进行对比，发现有几颗较亮的恒星位置有明显的差别。如牧夫座 α 星（大角星）的位置大约相差有两个月亮那么大小。他得出结论：恒星在运动着，虽然是极其缓慢地在天空上移动于其他恒星之间。现在知道恒星自行的大小，一般是每年不到 1″。在我们测量天空上两点之间的距离时，都是用角度来表示的。通常将球形似的天穹称为天球，而我们观测者好像处在天球的球心。在天文学上却常用地心作为天球的球心，而天球的半径为无穷大。无穷大就是比你所想象的大还要大的意思。"天球"实际上是不存在的，它是我们用来计算星星位置与运动时的一种数学工具。

沿天球一周为360°，1°又分为60′，1′分为60″。所以1″是很小的。我们所看见的圆月的直径约为31′06″，即为1866″。对比之下，天球上的1″只有圆月直径的1/1866。从地面来说，如果将一个5分硬币横放在距离人眼4千米远的地方，那么，人眼所看见它的角度大约是1″。

从18世纪发明照相术以后，人们就给星星拍照片了，这些珍贵的照片是我们发现恒星自行的有力用具。比方说，我们今天晚上对某一天区拍一张照片，然后再找出50年或100年前，前人拍的同一天区的照片。将这前、后期的两张照片一对叠（天文底片多是玻璃片），就可以看出有些亮星的位置发生变化。用特制尺子量出变化的量，就可以计算出在这段时间内，这颗星移过的距离（即自行量）。当然，在现在的天文台上，有专门量度星星位置的仪器，很容易求出任一颗星自行的方向与数据。

恒星大爆发

恒星变化中最触目惊心的是新星和超新星现象。

《汉书》上记载了公元前134年（汉武帝元光元年）出现的"客星"现象，这是世界上正式史书中新星爆发的第一次观测记录。在这以前，大约公元前14世纪，我国商代的甲骨文中已经有"七日己巳夕新大星并火"和"辛未酘新星"等文字，这是世界上新星爆发的真正最早的观测记录。当时把它叫作客星或新星，都是因为人们以为原来没有这么一颗星，把它当作新来的不速之客。古人只知它新而不知它变。实际上新星并不是新来的，它原来是一颗眼睛看不见的暗星，后来突然爆发，光度增加几万倍甚至几百万倍，成为一个亮星；爆发过后，光度减弱，又看不见了。所以，新星是恒星的一种突变状态。

在银河系里已经观测到200多颗新星。

比新星爆发规模更大的是超新星爆发，爆发的时候亮度增加上千万倍至一亿倍。超新星爆发以后就不再成为恒星了，往往只留下一个很小的残骸，也不

YUZHOU JIAZU GHENGYUAN DABIPIN

再具有通常恒星的性质，大多数物质被抛射到周围空间成为星云。

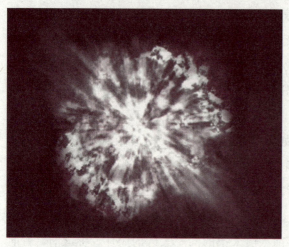

超新星爆发

公元 185 年（汉灵帝中平二年），我国史书上（在世界上第一次）记录了超新星的爆发。历史上总共出现过 7 次超新星爆发，每次都在我国史书上有记载。

超新星现象说明，恒星的变化不仅有渐变和量变，而且有突变和质变。超新星爆发是从物质凝聚态转化成弥散的气态的转折点。

新星和超新星爆发使我们确信，恒星不是恒定不变的。当然，这种变化还只是短暂的现象，远远不是恒星变化发展的全部。为了了解恒星从生到灭的全过程，还需要对恒星的状态有更深的了解。

知识点

超新星爆发

从理论上来讲，质量介于太阳的 8 ~ 25 倍之间的恒星会在一场超新星爆炸中结束自己的生命。当这颗恒星耗尽所有可用的燃料时，它就会突然失去一直支撑自身重量的压力，它的核心坍缩成为一颗中子星或者黑洞——一颗毫无生气的超致密残骸，外侧的气体包层则会以 5% 的光速抛射出去。当恒星爆发时的绝对光度超过太阳光度的 100 亿倍、中心温度可达 100 亿摄氏度、新星爆发时光度的 10 万倍时，就被天文学家称为超新星爆发了。

一颗超新星在爆发时输出的能量可高达 10^{43} 焦，这几乎相当于我们的太阳在它长达 100 亿年的主序星阶段输出能量的总和。超新星爆发时，抛射物质的速度可达 10000 千米/秒，光度最大时超新星的直径可大到相当于太阳系的直径。1970 年观测到的一颗超新星，在爆发后的 30 天中直径以 5000 千米/秒的速度膨胀，最大时达到 3 倍太阳系直径。

超新星的研究意义。超新星处于许多不同天文学研究分支的交汇处。超新星作为许多种恒星生命的最后归宿，可用于检验当前的恒星演化理论。在爆炸瞬间以及在爆炸后观测到的现象涉及各种物理机制，例如中微子和引力波发射、燃烧传播及爆炸核合成、放射性衰变及激波同星周物质的作用等。而爆炸的遗迹如中子星或黑洞、膨胀气体云起到加热星际介质的作用。

超新星在产生宇宙中的重元素方面扮演着重要角色。大爆炸只产生了氢、氦以及少量的锂。红巨星阶段的核聚变产生了各种中等质量元素（重于碳但轻于铁）。而重于铁的元素几乎都是在超新星爆炸时合成的，它们以很高的速度被抛向星际空间。此外，超新星还是星系化学演化的主要"代言人"。在早期星系演化中，超新星起了重要的反馈作用。星系物质丢失以及恒星形成等可能与超新星密切相关。

由于非常亮，超新星也被用来确定距离。将距离同超新星母星系的膨胀速度结合起来就可以确定哈勃常数以及宇宙的年龄。

延伸阅读

《汉书》，又称《前汉书》，由我国东汉时期的历史学家班固编撰，是中国第一部纪传体断代史，"二十四史"之一。《汉书》是继《史记》之后我国古代又一部重要史书，与《史记》《后汉书》《三国志》并称为"前四史"。《汉书》全书主要记述了上起西汉的汉高祖元年（公元前 206 年），下至新朝的王莽地皇四年（公元 23 年），共 230 年的史事。《汉书》包括纪 12 篇，表 8 篇，志 10 篇，传 70 篇，共 100 篇，后人划分为 120 卷，共 80 万字。

《汉书》的语言庄严工整，多用排偶、古字古词，遣辞造句典雅远奥，与

《史记》平畅的口语化文字形成了鲜明的对照。中国纪史的方式自《汉书》以后，历代都仿照它的体例，纂修了纪传体的断代史。

班固（32—92年），东汉历史学家班彪之子，班超之兄，字孟坚，扶风安陵人（今陕西咸阳）。生于东汉光武帝建武八年，卒于东汉和帝永元四年，终年61岁。班固自幼聪敏，"九岁能属文，诵诗赋"，成年后博览群书，"九流百家之言，无不穷究"。

《汉书》成书于汉和帝时期，前后历时近40年。班固世代为望族，家多藏书，父班彪为当世儒学大家，"唯圣人之道然后尽心"，采集前史遗事，旁观异闻，作《史记后传》65篇。班固承继父志，"亨笃志于博学，以著述为业"，撰成《汉书》。其书的八表和《天文志》，则由其妹班昭及马续共同续成，故《汉书》前后历经四人之手完成。注疏《汉书》者主要有唐朝的颜师古（注）、清朝的王先谦（补注）。

《汉书》开创了我国断代纪传表志体史书，奠定了修正史的编例。史学家章学诚曾在《文史通义》中说过："迁史不可为定法，固因迁之体，而为一成之义例，遂为后世不祧之宗焉。"历来，"史之良，首推迁、固"，"史风汉"、史班或班马并称，两书各有所长，同为中华史学名著，为治文史者必读之史籍。

《汉书》尤以史料丰富、闻见博洽著称，"整齐一代之书，文赡事详，要非后世史官所能及"。可见，《汉书》在史学史上有重要的价值和地位。

《汉书》开创了"包举一代"的断代史体例。

恒星的概况

天体物理学的诞生，使我们对天体的认识，从位置的变化、亮度的变化发展到对它的物理、化学性质的测定。实测方面这一个大飞跃，为探讨恒星整个的生命史准备了必要的条件。

20世纪初期，恒星演化理论逐渐开始发展起来了。

恒星的大小和密度

从 19 世纪测定了恒星的距离以后，人们就开始了对恒星的更多测量，希望得到恒星的大小、速度等更多信息。

要想直接用量角仪器去测出恒星的大小，那是不可能做到的，因为恒星离我们太遥远了。就是用大望远镜来看，还是星光点点，看不到有个圆面来加以测量。不过，天文学家还是有办法来定出恒星的大小的。比如说，按照恒星的光度就可以推知，光度大的星，一般说它个子就比较大；光度小的星，个子也小些。

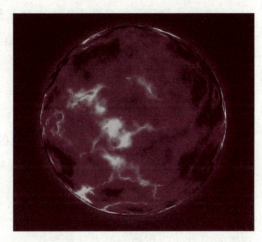

恒 星

YUZHOU JIAZU GHENGYUAN DABIPIN

主序星（即主星序的恒星）的半径从太阳半径的几十倍到几分之一。超巨星的半径比太阳大几百倍，甚至超过 1000 倍，例如剑鱼座 s 星的半径为太阳的 1400 倍，体积为太阳的 30 亿倍。另一方面，白矮星和中子星的半径则很小，从太阳半径的几十分之一到几万分之一。

恒星的大小相差十分悬殊，有的星大得惊人，而有的星又小得可怜。夏夜南方星空中的那颗大红星（心宿二）半径为太阳的 600 倍。而仙王座 VV 星的半径更大，约为太阳的 1600 倍。还有一颗比它更大的星，其半径为太阳的 1800 倍。

恒星中最小的星，过去人们以为是白矮星。天狼星的暗伴星，半径只有太阳半径的 7‰，约为 103 千米，比我们地球还小。近年来发现的中子星，却是更小的恒星。中子星的半径约为 10 千米。

按照恒星的质量与半径，可以推算出恒星的平均密度。由于大小悬殊，所以恒星的密度也相差很多。太阳的平均密度是水的 1.409 倍，主序星的平均密度从太阳的 10 倍左右到 0.1 倍左右。红超巨星的平均密度都比水小 100 万倍以上，有小到水密度的一亿分之一的，比地球表面附近的空气密度还小好几万倍。另一方面，白矮星和中子星的密度则非常大。

显然，那些质量不大而体积很大的星，它的平均密度就一定很小。有的甚至比我们实验室中能达到的"真空"还稀薄。相反，有的星的平均密度却很大。比如白矮星的平均密度为1立方厘米约10吨。而中子星上的物质，1立方厘米达1亿吨以上！这种奇特的中子星，还有许多谜团等待我们去研究和揭开。

恒星的质量

大家都熟悉在市场上买食品时称重量的办法，不管是杆秤、天平或台秤都须用一块金属做秤砣或砝码，然后根据杠杆平衡原理比较出被称物体的重量，其实称出的是物体的质量，而用弹簧秤（包括有一种台秤）直接称出的是物体的重量而不是质量。这些衡器所以能称出物体的重量或质量，都依靠地球对物体的引力（叫作地心引力）的作用。

在物理学中，物体的"质量"和"重量"是截然不同的两种含义：质量是指物体含有物质数量的多少，而重量则是这个物体在地球上所受到的引力的大小。物体的质量和它所在的地方是没有关系的，不管把它放在什么地方（即使放在月亮上）去测量，都和在地球上测量是一样的；而它的重量却随着它离开地心的距离而变小，同时也和它所在的地理纬度有些关系。

通常把质量和重量用公式 $F = mg$ 联系起来，m 表示物体的质量，F 表示它的重量，g 代表物体所在地方的重力加速度。一般在地面上不同地方 g 的数值变化不大，大约为 9.8 米/秒^2。所以我们在日常生活中不太计较这个变化，而认为物体的重量是和质量一样不变。

其实，$F = mg$ 这个公式是由牛顿万有引力定律得出的。

英国大科学家牛顿总结前人的研究后，发现了万有引力定律。这个定律是说，宇宙间一切物体都有引力；各个物体之间也有引力相互作用。两个质点之间的吸引力的大小同两个质点的质量与距离有关系。

经过实验，如果不是质点，而是物体，这个公式也可以应用。比如可以把地球当作质量全集中在地心的一个大质点；月球也可当作一个较大的质点。那么这个公式就可以用在地球与月球之间。又比如，将公式用于太阳与地球之间，用于恒星之间，都是适用的。即适用于宇宙万物中，所以称为万有引力定律。

万有引力定律中有质量这一项，所以天文学家就设法用它来测出恒星的质量。当然，这个事情是比较复杂的，让我们一步步来讲。

现在我们先来设想一种简单的游戏：一个小孩用一根绳子系着一个小球在一个地点打转，也许你们都有这样的经验吧——觉得要使那个小球能绕着你做圆周运动，你的手必须用力拉着那绳子的一端，同时，还要先给小球在水平面上垂直于绳子的方向有一个速度。如果你要小球运动加快，就必须把绳子拉紧些，用力大一些；如果你保持小球线速度大小不变，把绳子放长一些，就会感到绳子对你的拉力要小了一些。

原来这个小球起始时沿着圆周的速度和小孩对绳子的拉力（向着圆心的力），是那小球能不能成功地绕着圆周转的先决条件。作为一般的问题，力学告诉我们，如果一个质量为 m 的物体要做圆周运动，则必须给这个物体起始有一个沿圆周切线的速度 v 和保持一个向心力 F 就可以了。

当然这是做匀速圆周运动物体所必须遵从的公式。实际上我们所能实现的圆周运动比这个公式要复杂得多。不过我们可借助这个简单公式来设想这样一件事：如果我们事先并不知道这个物体的质量是多少，但我们能够通过一些办法测出这个物体的速度 v、圆半径 R 和向心力 F 的话，我们不是就可以根据上面这个公式来求出做圆周运动的物体的质量吗？的确是这样。当然，我们不会用这样复杂的办法来试求地面上一个物体的质量的。但是对于那些只能在望远镜中看到的天体，就只能靠类似这种测量环绕周期和半径的方法去推算它们的质量了。天文学家们现在不但知道月亮、太阳和行星的相当准确的质量值，而且还测出一批恒星的质量。这是因为许多天体都不是孤单单地浮游于太空中，它们大多是互相绕着转的，两个天体之间（好比地球和月亮、太阳和地球）的引力就好像小孩子玩小球做圆周运动时所用的那条绳子上的拉力一样。

对于天体的运动定律，是德国天文学家开普勒创立的，通常称为行星运动三大定律。它的说法是：

第一定律：行星的轨道都是椭圆的，太阳在椭圆的一个焦点上。

第二定律：行星与太阳连成的向径在相同的时间内扫过的面积是相等的。

第三定律：行星绕日旋转的周期的平方和该行星的轨道半长轴的立方成正比。

这些定律告诉我们，只要测出一个行星的质量，再知道这个行星围绕太阳运行一周的时间及距离，就可以求出太阳的质量。反过来，知道了太阳的质量，就可以求出其他行星的质量。例如，太阳的质量就可以用行星公转的数据计算出来。在行星轨道的每一点上，太阳对行星的吸引力等于由于公转而作用于行星的惯性离心力。利用这个关系，就可以从行星的公转周期和轨道半长径算出太阳和行星的质量和。地球的质量可以用实验方法定出来，等于 5.976×10^{27} 克；它的公转周期等于一年：轨道半长径等于 1 个天文单位。这样，我们就可以算出太阳的质量，结果是 1.9896×10^{33} 克，等于地球质量的 33 万倍。

天上恒星中有不少是成双成对的，被称之为双星（有关双星的情况待后面介绍）。将双星比之为太阳与地球或月球与地球，那么应用行星运动第三定律，就可求出恒星的质量了。

这种方法说起来很简单，但是观测起来却是很麻烦而又费时间的。因为在望远镜里可以分得开的双星，它的绕转周期往往要几十年甚至几百年之长。而它们离我们很远，距离很难测准。它们的绕转的半径也就难以求得准确了。因此到目前为止只有 200 对左右的双星被观测过，能得出精确数据的大约也只有 100 多对。例如著名的天狼星及其伴星是一对双星，它们被测得的质量分别为 2.2 和 1.0 个太阳质量，两星间平均距离为 20.11 个天文单位。又如南河三（小犬座 α），其主星为 1.76 个太阳质量，伴星为 0.65 个太阳质量，两星平均距离为 15.85 个天文单位。

对于不是双星的单个恒星的质量，就得用其他的办法去计算了。

在 20 世纪初，天文学家发现，质量大的恒星的发光本领也大。发光本领的大小就是一颗星在每秒钟内辐射的光能量的多少，实际上就是光度，它用绝对星等的大小来表示。光度也常用太阳的光度为单位，比如，这颗星比太阳亮多少倍，这时太阳光度为 1。天文学家以恒星的光度为纵坐标，以恒星质量（太阳质量 =1）为横坐标，每颗星（按其光度和质量）在图上点出一点。在点了一些星点后，发现这些星点大致在一条线附近，即恒星的质量与光度之间有简单的数学关系。根据这个关系或根据已有的图，如果已测出某颗星的光度或绝对星等，就可以求出该星的质量。

总的来说，恒星的质量是天文学家感兴趣而又难得的东西，是了解恒星的结构和演化的主要数据。已有的研究表明，各恒星的质量相差不太大。大多数恒星的质量是在太阳质量的 1/10 到 10 倍之间，个别的有比太阳大 100 多倍的。太阳的质量在恒星中只算是中等。恒星的质量有大到太阳的五六十倍的，也有小到太阳的二三十分之一的。大部分恒星的质量在太阳质量的 0.4 倍到 4 倍之间。也就是说，在恒星世界中，我们的太阳是中等质量、中等大小的一颗恒星，或者说是普通的一颗恒星。

恒星的光度

有了恒星的距离，就可以得知恒星的光度，就是它们发光强弱的程度。

点点星光，如果仔细去看看，它们都是有亮有暗、有大有小，差别还是不小的。

早在公元前 150 年，希腊的伊巴谷就把全天中用肉眼可见的星星划分为 6 个等级。那些最亮的星叫"1 等星"，肉眼刚能看出的最暗的属于"6 等星"。当然，这样仅凭肉眼来划分和定出它们所属的等级的做法是非常粗糙的，并且是很不精确的。不过现在仍沿用这样的办法，规定用仪器精密测定出的 1 等星比 6 等星要亮 100 倍。因此，星等每多一等，则要暗 2.512 倍。比如说牛郎星为 1 等星，比为 2 等星的北极星亮约 2.5 倍。比牛郎星更亮的星，如织女星，它的星等定为 0 等。比 0 等更亮的星为负几等，天狼星为 -1.45 等。

这种规定后来延伸到肉眼看不见的星星，它们的亮度是 7 等、8 等……现在用天文照相的办法，可以拍到暗达 23 等的星，它比最亮的天狼星要暗约 60 亿倍，暗星都是用望远镜去拍照的。望远镜口径越大，所拍到的星星越多、越暗。

这样定的星星亮度是"视亮度"，它的数值叫作"视星等"。

不过，视星等不能反映出恒星的真实光度来。要想知道恒星的光度，就必须设想把所有的恒星通通放在同一个距离上来比较，才有可能分出它们真实的光度大小来。这就好比说，晚上从远处距离参差不一的地方射来的灯光强弱中，你是无法判断出哪盏灯的光度该是多少一样。只有设想跑到它们跟前同样距离的地方去观察它们才会得出结论。但是对于恒星，我们如果知道了它们的真实距离，就可以假设把它们放在 10 秒差距（32.6 光年）的地方来观察它，看它的视亮度该是多少，这个数值称为"绝对星等"，通常用字母 M 来代表。恒星的距离的单位用"秒差距"。得到了绝对星等就可以比较它们之间的光度强弱了。

比如说我们的太阳，它的视星等为 – 26.82，它的绝对星等为 4.75。这样看起来，要是跑到距离现在太阳 200 万倍远的地方来看我们的太阳，它就会成为一颗普通肉眼尚能看得见的较暗的恒星。它的光度还不如我们邻近的恒星南门二了，只相当于一个中等光度的恒星。

由这个公式还可以求出一颗星的绝对星等。以天狼星为例，它的视星等为 – 1.45，距离为 2.67 秒差距，代入公式，求得天狼星的绝对星等为 1.37，或者说天狼星的光度为 1.37 等。

求恒星绝对星等，还有其他方法，在后面再介绍。

恒星的运动

前面我们已经说过恒星在天空中会有相对的位置移动。虽然每年只有一点点的变化，但是天文学家们还是有办法通过观测或照相来确定出来。这种位置的变化称为恒星自行。不过这种位置的变化还不能反映出恒星本身的运动情况。因为每一颗恒星不管它们离我们多远，在我们看来它们总是那么一点点光芒，如果正好有这么一颗恒星，它直对着我们奔来或离去，我们就无法观察到它的自行。

其实，大家从日常生活中都已经有了观察外界物体运动的经验，这个经验本身就含有认识相对运动的本领。比如说，你在电视上看一场足球赛，虽然当时你看到的只是运动员和足球的形象，在屏幕上不断地变化着它们之间位置的关系。可是，你总能够理解到每一时刻在球场上究竟发生了什么事情，哪一方在进攻、球向什么方向飞去、是否踢进对方的球门，对于这些情况你都能看得一清二楚。谁都不会怀疑自己在电视荧光屏上所看到的一切物体是在一个立体的空间里运动着，而不是仅仅在平面上移动着，这是因为我们在看电视之前，已经有了判断眼前物体所在位置离我们远或近的经验，就是前面所说的根据视差的原理可以决定物体的距离。

同样道理，我们可以把天空比作一个大的电视荧光屏，如果我们测得每颗恒星的距离和自行（横向运动），再加上从恒星的光谱可测出它们沿视线方向的运动（纵向运动），我们便能彻底弄清，恒星是怎样在宇宙中奔跑着，它们互相之间在做什么样的游戏。

根据几何知识，我们只要测到某一颗恒星的自行和距离，立即可求出它的切向速度（垂直于观测者视线的方向）；如果进一步能拍到该恒星的光谱，也能间接地测算出该恒星沿着观测者视线方向的视向速度。有了这二者便可按勾股定理算出该恒星在宇宙空间的真实速度（即空间速度）了。

恒星的切向速度是依据自行与距离来计算出来的，如前面所说的自行最大的星（巴纳德星），它的切向速度为 88 千米/秒；而自行第二大的恒星（叫卡普坦星）的切向速度高达 163 千米/秒。

恒星的视向速度有正值与负值。如果恒星背离我们而去，视向速度为正值；如果恒星对着我们而来，视向速度为负值。比如牛郎星以 26 千米/秒的速度向我们飞来，视向速度为每秒 −26 千米。视向速度最快的是武仙座中的一颗星，它的视向速度是 −405 千米/秒。这么快的速度，从北京飞到南京不到 3 秒钟。而离我们而去的恒星中，最快的一颗星视向速度为 +543 千米/秒，这比一般的飞机要快几千倍呢！

有不少恒星是向我们飞来的，但我们不必担心它会撞到我们的太阳或地球，因为恒星之间距离是很大很大的。

由恒星的切向速度与视向速度的合成，可以求出它的真实的运动速度（空间速度）。这个速度一般为每秒十几千米至几百千米。速度是如此之大，所以有人说恒星在飞奔着，是一点也不错的。每颗星飞行的方向并不一致，有的星向东，有的星向西，四面八方都有，各走各的路。

大多数恒星都各走各的路，但也有一些星，它们都朝着一个共同的方向飞驰着。比如金牛座中就有一群星，虽然各个星飞奔的速度有大有小，但都朝着一个目标飞去，就像一群大雁在空中飞翔一样。金牛座的这一群星，有共同的运动方向，天文学上称之为移动星团。

应当指出，金牛座中最亮的星——毕宿五——并不属于这个星团，因为它的自行方向跟大家不一致。属于毕星团的全部恒星都聚集在直径约 33 光年的空间范围内。

依据恒星运动的研究，天文学家还发现太阳也在飞奔着，并且飞行的速度为 19.5 千米/秒，那么，这是怎么发现的呢？

我们不妨先看看地面上的现象，假如我们正乘坐在开动着的火车车厢内，看窗外的景物，就觉得车厢外面的树木、电线杆、人群一闪而过地奔向车后。那远处的村庄小房和山丘，也好像不约而同地都朝着车后某一个地方集合去了。实际上它们仍在原地不动，而真正运动的是我们乘坐的火车。正是由于火车在向前进，就见到前方的景物似乎向两边散开去，而后方的景物却似乎向一点汇聚。这是相对运动而产生的现象。

19 世纪末，天文学家在研究太阳附近的大群恒星的运动时，就发现向着织女星方向看，恒星有向左右两边分开的运动，而背着这个方向上的恒星却有从两边逐渐汇聚的运动。这一现象就表明，原来是太阳在向着织女星飞奔着。这是太阳相对于附近的恒星群的运动。大家都知道，地球是围绕太阳旋转的，大约在一年内旋转一圈。而现在我们知道了太阳正以 19.5 千米/秒的速度朝武仙座里的织女星方向飞奔，那么，地球围绕太阳运动就不是闭合的曲线，而是一条无穷尽的螺旋线。当然，太阳系其他行星也跟地球一样，都随着太阳的运动而画出各自的螺旋曲线。

武仙座星系团

此外，天文学上还发现太阳附近的星群，还在围绕着一个更大的星体集团（称为银河系）的中心在旋转着。旋转的速度约为 250 千米/秒。就是这么快的速度，要围绕银河系中心转一圈，也需要 2.5 亿年，这是多么漫长的岁月啊！

恒星的另一种机械运动

是自转。自转是天体的一种很普遍的现象，也是重要的天体资料。地球、月球、太阳、行星都在自转着。太阳的赤道自转速度为 2 千米/秒，已经通过光谱分析发现了 2000 多个恒星在自转着，赤道自转速度有的像太阳这样小，有的大到每秒 300 多千米。总的说来，B、A 型主序星的自转速度较大，G、K、M 型主序星的自转速度最小。

总之，我们在观察恒星的运动时发觉，我们自己就好像置身于宇宙大游乐场中的一只运动的小球中。这只小球自身不断地旋转着，又绕着另一个大球转，那大球又带着它绕另一个轴转……整个游乐场里的物体都参与某种无休止的转动。因此，我们所看到的只是恒星间相对运动的景象。而天文学家们凭借科学的方法，总能分析出单个恒星或整群恒星的运动规律。这也是天文学的一个重要任务。

恒星的变星

恒星的变化还远不止是它们位置的变化。恒星不恒，一种表现就是变星的存在，恒星在它的一生中，光度总是要变化的。变星是指在不长时间（从几十年、上百年或一天）内就可以看出其光度变化的恒星。太阳不是变星，因为人们从开始观测它以来尚未发现它的亮度有看得出来的变化。

人们很早就观测到变星亮度的变化。亮度变化比位置变化更深刻地反映了恒星的本质方面。亮度发生变化的恒星叫作变星。人们目前已经肯定为变星的恒星有 2 万多个，而且这个数目还在逐年增加。

恒星亮度变化的形式是丰富多彩的，变速有快有慢，变幅有大有小，有的变化有周期性，周期也有长有短。

恒星光变的原因是很复杂的。有的变星实际上是一对双星，它们互相绕着旋转，有时一个挡住了另一个，于是看起来就变暗了，再转过去又重放光明。这种变星的变暗有点像日食的情形，所以叫作食变星。有的变星是由于本身体积的膨胀和收缩，这就是所谓脉动变星。脉动变星中有一类亮度变化很有规则，叫作造父变星，光变周期从一天到 50 天以上。因为这类变星中最早被发现的典型的一颗是在仙王座里，我国古时候把这颗星叫造父一，所以这类变星就叫造父变星。还有一类快速脉动变星，光变周期从一个半小时到略长于一

YUZHOU JIAZU GHENGYUAN DABIPIN

天，叫天琴座RR型变星。

还有各种各样的不规则变星，它们变化的形式和原因都比较复杂。如有一类变星叫金牛座T型变星，亮度变化很快，而且反复无常。

超过半数的光度变化原因是这些星在进行着周期性的膨胀和收缩，即在"脉动"着，脉动周期有短到只有一个多小时的，也有长到两三年的。这类变星称为脉动变星。另一类变星的光度变化很剧烈，有的在几天之内光度就猛增几万倍，这一类变星称为爆发性变星。变星和天体史研究关系很密切，变星大致可以分为三类，它们都和恒星的演化有密切关系。

交食变星

夜深人静，当你在野外观看星星时，你会感到那深奥莫测的茫茫宇宙真是一片寂静，只有和谐与统一，而没有像我们这个世界是那样的喧哗。宇宙给人以自由与宁静，给人以无尽的陶醉。

其实，茫茫宇宙并不是宁静和谐的。宇宙中的天体都在不断地变化着，甚至常有惊天动地的变化。而这些只有通过天文望远镜的观测才能知道。

恒星中有不少星的亮度是在不断变化的。亮度会变化的星统统称为变星。变星的种类很多，有交食变星、脉动变星、新星和超新星等。

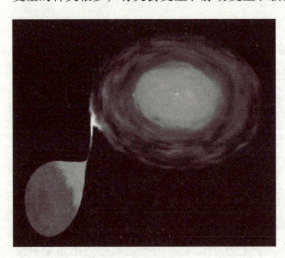

交食变星

在没有介绍各类变星之前，我们先来说说变星的命名法。

1844年，德国天文学家阿格兰德尔首次提出了变星命名的方法，规定变星的名称是由变星所在的星座名称加上拉丁字母而构成的。加拉丁字母的方法是：根据变星被发现时间先后，按拉丁字母R、S、T……Z的顺序，每发现一颗变星就命名一颗。例如，金牛座中发现的第三颗变星，其名称就记为金牛 T；天鹅座中发现的第七颗变星，其名称就记为天鹅 X 等。如果一个星座中变星被发现了很多，单用一个拉丁字母就不够了，那只得扩充为用两个字母来命名。即用 RR、RS……RZ，SS、ST……SZ，TT……TZ，AA、AB……AZ，BB、BC……BZ，CC、CD……CZ（其中不用字母 J）来表示每一个星座中的第 10 号到第 334 号变星。例如，天琴 RR、天鹅 SS。当一个星座中的变星数目超过 334 颗时，就用变星的字头 V 后加上阿拉伯数字来表示，例如天鹅座 V1057 等。对于个别已有专名的变星，用它原来的名字或希腊字母的符号，例如大陵五（英仙座 ρ 星）、造父一（仙王座 δ 星）等。

现在国际上就用这种命名法来编制变星的星表。变星总表由苏联普尔戈沃天文总台编辑出版。已发现的变星总数在 2.5 万颗以上。

1782 年，英国青年天文爱好者、聋哑人古德立克在前人观测的基础上，发现了大陵五（英仙座 ρ 星）的亮度有变化，最亮时的亮度为 2.2 等，最暗时为 3.45 等，并且发现亮度变化具有周期性，即每经过 68 小时 49 分变化一次。

后来发现，大陵五的亮度变化，实际上不是一颗星的亮度变化，而是由于两颗靠得很近的恒星互相遮掩而产生的。

两颗恒星在一起组成的最简单的恒星系统，称为双星。双星中的各个星称为子星。也有的称之为主星与伴星。它们由于引力作用而互相绕转。

大陵五双星中，一颗子星亮些，另一颗子星暗些。当两个子星离开时大陵五亮度最大，达到 2.2 等。当伴星走在主星前面时，遮掩了主星，因此大陵五亮度最小，达到 3.4 等。当伴星绕在主星的后面时，大陵五亮度有一点降低。

像大陵五这样，因两颗星互相遮掩而发生亮度变化的星，称为"交食双星"。因为两颗子星发生的现象类似于日食与月食的现象，不过规模要大得多。

交食双星除了大陵五外，还有天琴座中的 β 星（叫渐台二）及大熊座 W 星，等等。这类变星的变光幅度不大，一般只有一二星等，变光的周期在几小时至几天，特别是柱一（御夫座 ε 星），它的变光周期长达 27 年，即 27 年才变化一次。

现在天文学家十分重视双星的研究。人们发现有些靠得很近的双星（叫密近双星），它们之间有物质的交流，由大的子星喷出物质，被小的子星吸引进去。在物质交流中该星发射出强的 X 光与无线电波。

脉动变星

造父变星是最著名的脉动变星，它的典型代表是仙王座 δ 星，它的中文名就叫造父一。

仙王座中的造父一（δ 星）是最引人注意的一颗变星。它在最亮时达到 3.6 等，最暗时达到 4.3 等，变光幅度约 0.7 等。变光的周期约为五六天（准确值是 5 天 8 小时 46 分 38 秒）。造父一变亮时很快，而变暗时很缓慢。上升段需时约 1 天半，下降段需时约 4 天。

通常，造父变星的光变幅（光度变化的幅度）为 0.1~2 星等，光谱型从 F 型到 K 型都有，光变周期为 1.5~80 天。周期越长，光度越大。例如，周期 1.5 天的，绝对星等为 −2.1；周期 30 天的，绝对星等为 −2.9。近年来，恒星演化研究中的一个重大发现，就是确定了脉动变星是恒星演化的一个阶段。

通过光谱分析知道，造父一的变光原因是星体在做胀缩运动。它像一只橡皮大气球，当打气时，气球膨胀变大，放气时，气球收缩变小。星球不断地膨

图中的圈就是造父变星

胀、收缩，类似于脉动，故此类变星称为"脉动变星"。造父一膨胀速度最高时，亮度最大，收缩最快时亮度最小。就星体的温度来看，当亮度极大时，造父一最热，亮度极小时则最冷。温度的升降必伴随有颜色的变化。仔细的观测果然发现，造父一在最亮时呈蓝色，在最暗时呈白色，因而光谱型也随着发生变化。

类似于造父一变光情况的星，统称为造父变星或脉动变星。

除了造父变星，还有一种脉动变星叫天琴座 RR 型变星。这种

脉动变星和造父变星的不同在于：第一，光变周期较短，从 0.05 天（1.2 小时）到 1.5 天；第二，光谱型较早，都是 A 型；第三，光变幅较小，不超过半等；第四，光度较小。造父变星的绝对星等都等于或小于 −2.1，即光度为太阳的 590 倍以上，周期越长，光度越大。天琴座 RR 型变星的绝对星等几乎都是 +0.5，光度为太阳的 98 倍，彼此间光度的差别很小，因此天琴座 RR 型变星也可以当作"量天尺"使用。因为光度知道了，只要量出视亮度，就可以算出距离来；第五，空间分布大不一样，造父变星集中于银河系的赤道面（银道面）附近，而天琴座 RR 型变星则大多离银道面很远。

第三种脉动变星叫刍藁型变星。这种脉动变星的周期比前两种长，从 80 天到 1000 天不等，光谱型则较晚，大多是 M 型。光变幅较大，从 2.5 等到 8 等，典型星是鲸鱼座 o 星。这个星中文名刍藁增二。所以这类变星称为刍藁型变星。

上述三类脉动变星，在银河系内已发现各有 706、4433 和 4566 个，估计在银河系里的总数分别为 5 万、17 万和 140 万个。

脉动变星的变光周期有短至几小时的，也有长达几百天的，长短不一。光变幅也不大，一般只有 1~2 星等，但也有个别超过 5 个星等的。

长周期的脉动变星中，有一颗最著名。这颗星古代西方人称之为"魔星"。因为它有时候出现，被人看见，而有时候又消失得无影无踪。原来它最亮时的星等为 1 等，而最暗时的星等为 10 等。只有当它的亮度在 6 等以上时才能被肉眼看见，6 等以下就看不见了。它时见时不见，忽明忽暗，就像什么妖魔出没一样，因此被人称为"魔星"或"妖星"。至于在我国，并没有人称它为妖星。它的变化情况是荷兰人法布里修斯于 1596 年首先发现的。

天文学家在研究宇宙天体时，总喜欢将天体的各个数值加以分类与排比，因而得到许多重大的发现。比如，造父变星的周光关系的发现就是一个著名的例子。

1912 年美国哈佛大学女天文学家勒维特，将小麦哲伦星云内的 25 颗造父变星的星等与周期按次序排列起来，立即发现它们之间有简单的关系——周期越长者，亮度越大。这种光变周期同光度之间的关系，称为"周光关系"。把大、小麦哲伦星云里造父变星的周光关系画成图，就得到一个周光关系图。从

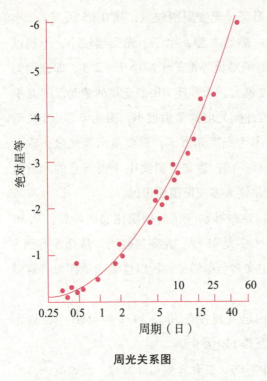

周光关系图

图里可以看出，所有的星点分布在一条斜线附近，体现出周期与光度的关系。

造父变星的这个特性，被应用于测量恒星与星团（许多恒星的集团）的距离。它的原理很简单：如果我们测出一颗造父变星的光度与周期，那么小麦哲伦星云中所有的造父变星的光度，就可以参考这颗标准造父变星定出来。实际上，确定一群造父变星的周光关系是相当复杂的。但是，我们只要知道，在一个星团或星云（应为星系）中存在有一些造父变星，测出那些变星的光度与变光周期，再依据一定的换算方法，就可以求出这个星团或星系的距离。

造父变星所具有的特性，帮助人们去测量遥远的星团与星系的距离，所以人们常说造父变星是一把"量天尺"。

新星和超新星

新星在我国古代，也叫客星。我国历代史书里有不少关于客星的记载。在某一星宿里突然出现了一个原来没有的星，就称为"客星"，好比外来的客人，有时也叫星孛。早在殷代甲骨卜辞里就有这种记载，在我国古代文献《汉书》和《文献通考》里记载有："汉高帝三年七月有星孛于大角，旬余乃入。"这是指公元前204年出现的新星，"大角"是牧夫座α星。《汉书·天文志》又载："汉元光元年六月客星见于房。"房宿是二十八宿之一，即天蝎座最右边（蝎子头顶）部分。这是公元前134年时出现于天蝎座的新星，西方观测到并记录下来的第一个新星就是这一个。新星实际上并不新，而是很旧很老的，是恒星演化到后期由于某种原因发生爆发。爆发时抛出大量物质，光度在几天内增加几万倍甚至几百万倍，以后光度又缓慢下降。爆发更猛烈的则成为超新星。我国古书上记载的客星、星孛，大部分是彗星，只有 70 多个是新星、超新星。我国历代有关新星、彗星、日月食、太阳黑子、流星雨、陨星的记载都是全世界最丰富、最详细的，是一份宝贵的文化遗产，今天在天体和天体演化的研究中还要用到这些记录。

银河系里已发现的新星超过 200 个，这还不包括几种爆发没有新星猛烈，但爆发不止一次的爆发性变星。例如已发现了 10 个再发新星，每过几年到几十年就爆发一次，光度增加几十到几百倍。还有双子 U 型星，每几个月就爆发一次，光度增加几倍到 100 多倍。

超新星的爆发比新星猛烈得多，光度增加上千万倍到超过一亿倍，达到太阳光度的 10 亿倍以上，很多超新星爆发后完全瓦解为碎片、气团，不再是恒星了。只有少数的超新星留下了残骸——质量比原来小得多的恒星，和在它周围向外膨胀着的星云。金牛座里的蟹状星云就是这样一个天体，它是目前被研究得最多的一个天体。在星云的中心部分有一个不太亮的恒星，它就是超新星爆发后的残骸。星云目前以每秒 1300 千米的速度膨胀着，超新星爆发时抛射物质的速度一般是每秒 1 万千米左右（对于新星是每秒几十、几百、最多 2000 多千米），1972 年在一个河外星系里出现的一个超新星，抛射物质的速度达到每秒 2 万千米。

蟹状星云

银河系里被人们观测到并记录下来，确定为超新星的只有 7 个，它们就是公元 185，393，1006，1054，1181，1572 和 1604 年出现的超新星．其中 1054 年出现的就是形成蟹状星云的那个超新星，我国宋代史书里对这颗超新星的出现有详细的记载。此外，在银河系里有十来个无线电辐射很强的天体，称为射电源，它们

有的只是星云，有的是一组向四面八方飞奔的碎片，很可能是超新星的遗迹。估计银河系里平均每50年左右出现一个超新星。

在银河系以外的其他星系——河外星系里则发现了不少超新星。第一个是1885年在最近的一个河外星系——仙女座大星云里发现的。迄今为止，已在河外星系里共发现了近800个超新星。

新星、超新星对天体演化研究之所以重要，是因为它们或它们的大部分是恒星演化的一个阶段。

另外，还有一种变星叫金牛T型变星，这是到1945年才开始发现的一类变星。它有下列几个特点：第一，光度变化不规则，没有固定的周期，光变幅也不固定，一般是二三等。第二，光谱有发射线，其强度随着光度变化而变化。光谱的紫外波段和红外波段的辐射比一般恒星强，强度随着光度变化而变化。第三，在赫罗图上这类变星都位于主星序上方，集中于一条和主星序平行的带内，从B到M型都有，F、G、K型较多。第四，这类变星常有星云和它们在一起。第五，这类变星常是成群出现。第六，锂元素在这类变星里特别多。

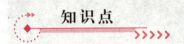

知识点

天 狼 星

天狼星属大犬座中的一颗1等星，根据巴耶恒星命名法的名称为大犬座α星。在中国属于二十八星宿的井宿。天狼星是冬季夜空里最亮的恒星，天狼星、南河三和参宿四对于居住在北半球的人来看，组成了冬季大三角的3个顶点。

1844年，德国天文学家贝塞尔根据它的移动路径出现的波浪图形推断天狼星是一颗双星，因为该星在附近空间中沿一条呈波形的轨迹运动，从而得出它有一颗伴星和绕转周期约为50年的结论。这颗伴星于1862年被美国天文学家克拉克（A. Clark）用他自制的当时最大的口径4.7m折射天文望远镜最先看到。天狼星及其伴星都在偏心率颇大的轨道上互相绕转，绕转的周期是49.9年，平均距离约为日地距离的20倍。尽管亮星光芒四射，用大望远镜还是不难看到那颗7等的伴星。伴星的质量与太阳差不多，它的半径却只有太阳的1/119，密度则比太阳大得多，平均密度为30kg/cm^3，是第一颗被发现的白矮星。

双星相距约20个天文单位。双星中的亮星是一颗比太阳亮23倍的蓝白星，体积略大于太阳，直径是太阳的1.8倍，表面温度是太阳表面温度的2倍，高达10000℃。天狼星在天球上的坐标是赤经06h 45m 08.9173s，赤纬$-16°42'58.017''$（历元2000.0），赤经自行-0.553，赤纬自行-1.205。甲星是全天第一亮星，属于主星序的蓝矮星。乙星一般称天狼伴星，是白矮星，质量比太阳稍大，而半径比地球还小，它的物质主要处于简并态，平均密度约$3.8 \times 10^6 g/cm^3$。甲、乙两星轨道周期为50.090 ± 0.056年，轨道偏心率为0.5923 ± 0.0019。天狼星与我们的距离为8.65 ± 0.09光年。天狼星是否是密近双星，与天狼双星的演化有关。古代曾经记载天狼星是红色的，这为我们提供了研究线索。

天狼星西名sirius，来源于希腊语$\sum \varepsilon \rho \iota o \varsigma$，有"烧焦"的意思，它的光出现后夏日的暑气就来了。古人认为天狼星和太阳同时升起时正是夏季，天狼星的光和太阳的光合在一起，才是夏季天气炎热的原因，因此才把天狼星称为sirius。古希腊人称夏日为"犬日"，因为只有狗才会发疯似的在这样酷热的天气里跑出去，因此这颗星也被称为"犬星"。古埃及人称天狼星为Sothis，是"水上之星"的意思。

延伸阅读

开普勒（1571—1630）是德国著名的天体物理学家、数学家、哲学家。他首先把力学的概念引进天文学，他还是现代光学的奠基人，制作了著名的开普勒望远镜。他发现了行星运动三大定律，为哥白尼创立的"日心说"提供了最为有力的证据。他被后世誉为"天空的立法者"。

1571年12月27日，开普勒出生在德国威尔的一个贫民家庭。他的祖父曾是当地颇有名望的贵族。但当开普勒出生时，家道已经衰落，全家人就靠经营一家小酒店生活。开普勒是一个早产儿，体质很差。他在童年时代遭遇了很大的不幸，4岁时患上了天花和猩红热，虽侥幸死里逃生，身体却受到了严重的摧残，视力衰弱，一只手半残。但开普勒身上有一种顽强的进取精神。12岁时入修道院学习。他放学后要帮助父母料理酒店，但一直坚持努力学习，成绩一直名列前茅。

1587年，开普勒进入蒂宾根大学。在大学学习期间，他受到天文学教授麦斯特林的影响，成为哥白尼学说的拥护者，同时对神学的信仰发生了动摇。开普勒经常在大学里和同学辩论，旗帜鲜明地支持哥白尼的立场。大学毕业后，开普勒获得了天文学硕士的学位，被聘请到格拉茨新教神学院担任教师。后来，由于学校被天主教会控制，开普勒离开神学院前往布拉格，与卓越的天文观察家第谷一起专心地从事天文观测工作。正是第谷发现了开普勒的才能。在第谷的帮助和指导下，开普勒的学业有了巨大的进步。

1609年，开普勒出版了《新天文学》一书，提出了著名的开普勒第一和第二定律。而开普勒第三定律则是在1619年出版的《宇宙谐和论》中提出的。

开普勒第一定律是：所有行星绕太阳运转的轨道是椭圆的，其大小不一，太阳位于这些椭圆的一个焦点上。

开普勒第二定律这样断定：向量半径（行星与太阳的连线）在相等的时间里扫过的面积相等。由此得出了以下的结论：行星绕太阳运动是不等速的，离太阳近时速度快，离太阳远时速度慢。这一定律进一步推翻了唯心主义的宇宙和谐理论，指出了自然界的真正的客观属性。

开普勒第三定律：行星公转周期的平方与它们各自轨道半长轴的立方成正比。这一定律将太阳系变成了一个统一的物理体系。

行星运动三定律的发现为经典天文学奠定了基石，并导致数十年后万有引力定律的发现。哥白尼学说认为，天体绕太阳运转的轨道是圆形的，且是匀速运动的。开普勒第一和第二定律恰好纠正了哥白尼上述观点的错误，对哥白尼的日心说做出了巨大的发展，使日心说更接近于真理；更彻底地否定了统治千百年来的托勒密地心说。开普勒还指出，行星与太阳之间存在着相互的作用力，其作用力的大小与二者之间的距离长短成反比。

开普勒不仅为哥白尼日心说找到了数量关系，更找到了物理上的依存关系，使天文学假说更符合自然界本身的真实。开普勒在完成三大定律时曾说道："这正是我 16 年前就强烈希望探求的东西。我就是为了这个目的同第谷合作的……现在大势已定！书已经写成，是现在被人读还是后代有人读，于我却无所谓了。也许这本书要等上 100 年，要知道，大自然也等了观察者 6000 年呢！"

恒星的成分和光谱

恒星的成分

前面谈到的关于恒星的知识，来源于对它的位置、运动和亮度的观测，这是十分表面的认识。这种状况一直继续到 19 世纪。

19 世纪末到 20 世纪初，天文学中诞生了一个新的分支——天体物理学，使这种状况完全改变了。天体物理学的出现使我们对天体的了解有了一个本质的飞跃，它使我们能够研究天体本身的物理状态和化学性质，包括温度、压力、成分、磁场等重要特性。

古希腊思想家亚里士多德认为，天体是由一种地上所没有的神秘东西——"以太"组成的。19 世纪法国哲学家孔德于 1842 年宣称："无论什么时候，在任何情况下，我们都不能够研究出天体的化学组成来。"但是，过了几十年，天文工作者通过光谱分析确定了太阳和恒星大气的化学成分，确定了天体也是由组成地上万物的化学元素所组成的，这样，既驳倒了天上和地上不一样的唯心主义先验论，也驳倒了天体化学组成不可知的唯心主义不可知论。

17 世纪，牛顿就曾经发现，白光通过三棱镜以后分成各种各样颜色：红橙黄绿蓝靛紫，排列成一条美丽的彩带，这就是光谱。"赤橙黄绿青蓝紫，谁

YUZHOU JIAZU CHENGYUAN DABIPIN

持彩练当空舞?"雨后天空中的彩虹也是这样一条光谱,不过它是由水滴分光作用而形成的。

很久以后才弄清楚,光的本质是一种电磁波,不同的颜色是不同波长的反映,光谱就是光线按波长排列的一条彩带。在可见光中,红光波长最长,紫光波长最短。波长比红光长的一段叫红外线,比紫光短的一段叫紫外线,肉眼是看不见的。

19 世纪初,英国物理学家渥拉斯顿发现,在太阳光的光谱中,在各种颜色连续变化的彩带的背景上,还有几条很细的暗线。这件事大约过了半个世纪才得到解释。物理学家在实验室里发现,在光源和三棱镜之间放置某种气体,光谱中就会出现暗线;换不同的气体,暗线就出现在不同的位置。这个实验揭开了太阳光谱暗线的秘密。它说明太阳光谱暗线是太阳比较深部发出的光穿过太阳表面大气的时候被大气里某些气体吸收而产生的。于是,根据这些暗线的位置,就可以判断太阳大气的化学成分。

把这个原理用到恒星上,也使我们了解到恒星上有哪些化学元素。后来又根据各种谱线强弱的不同,推定出恒星各种化学元素含量的比例。

恒星的光谱多种多样,但那主要是由于表面温度不同,而不是由于化学组成不同。即使光谱中某种元素所产生的谱线很多,有些谱线很强,那个天体上这种元素也不一定很丰富。例如,在太阳光谱中,铁所产生的谱线有 4000 条,氢所产生的只有一二十条,但经过分析,确定了太阳上面氢比铁丰富,按原子数目计算氢为铁的 3500 倍,按质量计算为 626 倍。现在知道,绝大部分恒星的大气的化学组成都和太阳大气差不多,都是氢最丰富。按质量计,氢占78%,氦占20%,其余的2%中,O、C、N 这三种元素占一半多一点,剩下的不到1%中,较丰富的是 Ne、Fe、Si、Mg、S 等。小部分恒星的大气的化学组成和太阳不一样,或者是某一种或几种元素特别多,或者是氢特别少。

至于恒星内部的化学组成,我们可以根据质量、半径、光度、表面温度等参数而推出其概况,至少算出氢和氦各占多少。理论分析表明,恒星内部的化学组成在演化中逐渐改变,氢通过热核聚变而转化为氦,后来氦又转化为更重的元素,但最外层的大气的化学组成则长时间保持不变。太阳和很多恒星今天的大气化学组成基本上就是原来整个星体的化学组成。

恒星光谱学

恒星的光谱告诉我们关于恒星的许多事情，像恒星的温度、化学组分、大气与磁场状况以及恒星的质量等等。不过光谱却不容易获得。

获得光谱并用于研究分析的方法，就叫作光谱分析方法。这是研究天体物理性质的基本方法。只有掌握了光谱分析这把"钥匙"，才能开启天体的奥秘之门。

最早发现天体光谱的人是英国大科学家牛顿。大约在公元 1666 年，牛顿在一块三棱镜的后面发现一条彩色的光谱：红、橙、黄、绿、蓝、靛、紫，就像雨后天上出现的彩虹一样。牛顿由此领悟到白光原来是七色光复合而成的。

现代科学家认为光具有波、粒二重性。光是由不连续的微粒子（叫作光子）组成的，但在光束前进中又可以用一种"波动"来表示，也就是说光是光波，它同无线电波一样，都是电磁波。电磁波中包括极短波长的 γ 射线、X 光、紫外光、可见光、红外光，一直到波长几毫米至几十米、几百米的无线电波，所不同的是波长（或频率）不同而已。

光波长的单位，过去常用埃表示，1 埃的长度等于 1 米的一百亿分之一。现今十亿分之一米称作 1 纳米，那么 1 埃等于 1/10 纳米。白光的波长在 3800 ~7800 埃之间，或者说在 0.38 ~0.78 微米之间。各种颜色的光原来就是由具有不同波长的单色光所组成的。红光的波长比较长，紫光的波长比较短。

将牛顿当初的实验加以改进，就得到一种光谱分析的仪器，叫作棱镜分光仪。准直管的前头有一个可调节宽窄的狭缝。后头有一个透镜，这个透镜使光变为平行光线，射入三棱镜。三棱镜的后面是观察镜，也有一个透镜。通常在观察镜后端装有照相机，以便拍摄天体的光谱片。因此，这种装置又称为摄谱仪。

拍摄天体的光谱时，一般将棱镜分光仪挂靠在望远镜的目镜端，拍完后取下来。

如果拍得太阳的光谱片，就可以看出太阳的光谱，除了七色光的连续光谱外，还有不少暗黑的线条。这种光谱叫作吸收光谱。

为什么有这种暗线或暗带呢？科学家们经过分析研究，才知道太阳周围的比较冷的大气中含有产生这些暗线的物质。比如钠、钙等等。原来一种物质所发射的光的波长（或频率），跟它所吸收的波长（或频率）是一样的。比如，食盐是由氯和钠组成的，在燃烧食盐时，钠就发黄光，而钠发射的光波有 4 条，波长是 5890、5896、5683 和 5688 埃，并且两两并合在一起。如果将钠蒸气放在白炽灯光下去观察，就会发现白炽光的连续谱中有黑色的线，它们的波长就是 5890、5896、5683 和 5688 埃。这是钠吸收了白炽光中的这些部分而形成的，所以称为吸收线。吸收线的宽度与位置跟它应该发射的是一样的。

由于各种物质元素的吸收光谱有一定的位置，这样才能将它们区分开来。研究太阳光谱可以知道，太阳上至少含有 66 种元素。其中最多的是氢气，含量占太阳质量的 78%，其次是氦，含量占 20%。此外还有氧、碳、氮、氖、镁、铁和硫等元素，总共只占太阳总质量的百分之一二了。

由此可见，应用光谱分析，可以知道天体是由哪些元素组成的，各种元素的含量比例是多少，除此以外，还可以推知天体的其他情况。

恒星的光谱型

1872 年 5 月，享利·德雷珀拍了一张比较成功的恒星光谱片。他用他那架口径 71 厘米的反射望远镜，让织女星的光通过石英棱镜，然后落到照相底板上。可是这上面也看不出光谱线。后来在同年 8 月，德雷珀再次尝试，这次得到的一张织女星光谱片上显示出 4 条谱线。这是人类史上第一次拍摄到的恒星光谱。

后来人们发明了另一种光谱仪——光栅光谱仪，并且改进了仪器与拍摄方法，终于拍摄到大量的恒星光谱。

天文学家拍摄了几十万颗恒星的光谱，发现恒星的光谱可以按照光谱线的种类和强度归纳成几种类型，这叫光谱型。每种光谱型各用一个拉丁字母表示，分别叫 O 型、B 型、A 型、F 型、G 型、K 型、M 型等。这个顺序是恒星温度递减的顺序。不同光谱型的恒星具有不同的颜色。比如，O 型星呈蓝色，A 型星呈白色，G 型星呈黄色，M 型星呈红色。可以见得，不同光谱型的恒星有不同的表面温度。根据维恩公式推算，O 型星的表面温度大约是 40000 度，B 型星是 15000 度，A 型星是 8500 度，F 型星是 6600 度，G 型星是 5500 度，

K 型星是 4000 度，M 型星是 3000 度。太阳就是一颗 G 型星。

再将各类型细分为 10 个小型（有的没有达到 10 个），用数码顺序来表示。比如从光谱型 B 过渡到光谱型 A 中，依次有 B0、B1、B2……B9 共 10 个次型。此外，还有附加的 R、N、S 等类型，这种分类法现在叫作哈佛大学天文台分类法。

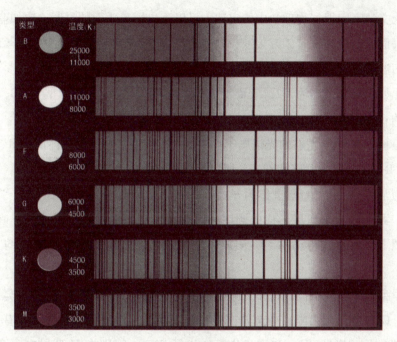

恒星的光谱型

恒星的颜色与它的温度是紧密相关的。

我们都很熟悉天空中一些较亮的星星，除了它们之间有亮度的区别之外（在心理上好像它们是大小的差别），还有颜色的差别。比如说天狼星（大犬座 α 星）的光芒是蓝色的，而心宿二（天蝎座 α 星）却呈现红色，还有橙红色的大角星（牧夫座 α 星）和黄色光芒的五车二（御夫座 α 星）等等。如果能把它们凑近在一起来观察的话，则真是点点晶莹、五彩缤纷、非常好看的天上夜景！

这颜色上的差别，显示出它们表面温度的高低不同。大家很熟悉中国古语中的一句话"炉火纯青"，指的是炼铁炉中火焰的颜色由红转青时，温度已增高到可以把铁块熔成铁水，是出料铸造的时候了。用以比喻一个人的技术造诣已达非常成熟的地步。其实宇宙中的恒星，也可看成是飘浮在太空中的一团团炉火，当它产生之时，可以把它看成初点着的炉火，一旦到了火势旺盛，自然它的表面温度也跟着升高，颜色也变为蓝色的了。之后它也会经历着衰老到死亡的阶段，温度逐渐降低，颜色由黄转变为暗红色了。

天文学家们根据物理学中的定律，可以算出恒星表面的温度。比如蓝色的星，表面温度最高，有 2 万多度；白色的星，表面温度为 1 万度左右；红色的星表面温度只有三四千度了。

比如太阳光谱型为 G2，表面温度约 5500 度。五车二光谱型为 G0，表面温度约 6000 度。

恒星中有 99% 左右的光谱属于表中的 7 个类型。余下的星体属于 R、N 和 S 型。R、N 型星中含碳特别多，所以有人称这类星为"碳星"。

通常将 O、B、A 型星称为早型星，将 K、M 型星称为晚型星。"早"、"晚"，最初以为是恒星形成的顺序，但后来发现并不能表示形成的早晚，只是习惯上仍用上述称谓法。太阳属中间型的星，太阳的年龄已有大约 50 亿岁了。

早型星中温度很高，许多元素已电离化了。所以星体上大多是电离氢、电离氦、G 型星（如太阳）中金属谱线很多。晚型星温度低，星体上含有分子，如烃基分子（代号 CH）和氰基分子（代号 CN），特别在 M 型星中含有很多的氧化钛（TiO）等分子物质。

恒星的颜色和温度

除了亮度，恒星在颜色方面也有不同，有一些亮星很红，像火星那样。著名的例子是猎户座 α 星（中文名参宿四）和天蝎座 α 星（中文名心宿二，也称大火，有时也称商星）。猎户座是冬季夜晚里很容易被看到的星座，有 7 个很亮的恒星。古代希腊人说，这个星座里的亮星构图像一个猎人。参宿四和参宿五是猎人的肩膀，中间 3 个星是腰带，下面两个星是膝盖，腰带下几个星是宝剑，猎户座大星云就在宝剑里。天蝎座是夏季正南方天空中最显著的星座，较亮的恒星组成了一条蝎子虫的形状。头上有各由 3 颗星组成的两组星，连线互相垂直。水平方向那 3 颗星中，中间那一颗就是心宿二，是星座中最亮的星，这颗星又很红，像火星那样，所以叫大火。我国古代有一个时期，人们就是靠观测这个星的位置来定季节时令，当时设有"火正"这样的职位，其任务就是专门观测大火。猎户座 7 个亮星中，有 6 个是蓝白色的，只有参宿四是红色，很突出。唐代诗人杜甫有一首诗，头两句是"人生不相见，动如参与商"，其中参（读如"人参"的"参"）就是猎户座，商就是天蝎座 α 星。按照古书《左传》记载的说法，参和商是一对兄弟，由于结下了冤仇，彼此不见面。这两个星座在天空遥遥相对，天蝎座在西边落到地平线下以后，猎户座才由东边升上来。

大家知道，太阳光是由红、橙、黄、绿、蓝、靛、紫等颜色的光混合成的，把太阳光分解为组成它的各种颜色的光，就得到了太阳的所谓光谱。太阳光谱是于 1666 年被发现的，到 1872 年才开始拍摄、研究恒星的光谱，那时才发现，恒星的光谱相差很多。例如，参宿四的光谱和太阳的光谱就相差很多，这两个光谱又和牵牛星、织女星的光谱不一样，参宿四的光谱和心宿二的光谱则很相同。

人们很快就认识到，颜色相同的恒星，光谱也相同，颜色和光谱主要反映了恒星的表面温度。把一块铁烧热，烧到一定温度，它就变成红色，烧得再热，就由红色变成黄色，然后白色、蓝色，蓝星的表面温度最高，红星的表面温度最低。

天体的光谱包括连续光谱和线光谱两部分。线光谱提供了天体化学成分的信息。连续光谱，也就是各种颜色连续变化的谱带，对于认识天体也有很大的作用。

一个光源发出的光，在不同颜色或者不同波长上的强度是不一样的，一般来说都有一个极大强度。如果把波长做横坐标，光强度做纵坐标，画出不同波长的强度，便得到一条光强度按波长分布的曲线。物理实验证明，对应于极大强度的波长同光源的温度有关：温度高的，蓝光部分比较强，温度低的，红光部分比较强。如果把一根铁棒加热，我们就会看到它随着温度增加，颜色由红而橙，由橙而黄，由黄而蓝，就是这个道理。

德国物理学家维恩（1864—1928）把这个关系总结成一个简单的公式：

温度等于 0.2897 除以相应于极大强度的波长。温度用绝对温度，等于摄氏温度加上 273 度，波长以厘米作为单位计算。

于是，测出了天体光谱中强度按波长的分布找出相当于极大强度的波长，就很容易算出天体的温度。

用不着把温度计放到恒星上面去，我们就测得了它的温度。

恒星的温度是高得惊人的。就拿太阳来说，仅仅在它的表面，就高达 6000 度，在这样高温下，一切物质都要熔化。所以太阳表面是炽热的气体。一些蓝颜色的星，表面温度就更高了，往往达到 1 万多度。在恒星和太阳的内部，温度会达到千万度以上。

恒星的光谱移动

在用摄谱仪拍摄恒星光谱时，曾经发现有不少恒星的光谱线会发生变化：有的谱线向红端移动，而有的谱线向紫端移动，变化很有规则。这是什么原因呢？

早在 1842 年，奥地利物理学家多普勒发现，声源与观测者相对运动时，观测者所听到的声音就会发生变化。比如说，当一辆救护车向我们开来时，它的鸣声就变得特别尖锐；而当救护车远离我们而去时，它的鸣声就变得低沉。声音的高、低是声源发出的振动频率不一样，当声源向我们靠近时，频率变高；而当声源远离我们时频率变低。这种现象就称为多普勒效应。

1848 年，法国物理学家费佐指出，对光源来说，多普勒效应也同样存在。如果光源离开观测者而去，谱线就向红端移动（简称红移）；反之，则产生紫移。

如果恒星有向我们飞来或离去的运动，根据多普勒效应（也称为多普勒原理），它的谱线就一定会发生位移。可是这种位移是很微小的，难以观测到。一直到 1868 年，英国天文学家哈根斯，首次测出一颗星（天狼星）的光谱中的一根谱线向红端移动了 1 埃，即它的波长增加了一亿分之一厘米。从而算出天狼星背离我们飞去的速度（后来的精测值与此不同）。

恒星沿视线方向的运动速度，称为"视向速度"或"视线速度"。恒星背离我们而去的速度规定为正值，恒星向我们而来的速度规定为负值。如上述的天狼星的视向速度为 - 8 千米/秒，毕宿五（金牛座 α）的视向速度为 +54 千米/秒。恒星视向速度超过 100 千米/秒的很少，大多数星的速度在 10～40 千米/秒之间。

在观测恒星的光谱时，有时会发现一颗星的光谱线忽而向红端移，忽而向紫端移。这是怎么回事呢？

原来，这颗恒星并不是一颗，而是由两颗星组成的。由于两颗星（分别称为子星）靠得太近了，甚至用大望远镜也难以分辨开来，我们把这种星称为"分光双星"。

两个子星 A、B 在绕公共中心旋转时，如果星在垂直于视线方向上运动，谱线不变化；如果星在视线方向上运动，谱线变化最大，成为双线光谱。在两子星不断绕转中，我们拍得的光谱图上每条谱线都会由单线变为双线，再由双线变为单线。这样循环重复。光谱线循环重复的周期就是子星运动的周期。同样，我们又可以根据谱线位移的大小，计算出视向速度的大小来。

恒星的光谱可以说是恒星的"身份证"，它能显示出恒星的许多种特性。比如温度、密度、化学组成、运动情况、磁场等等。所以，现代的恒星研究都离不开光谱分析。点点星光，却带来了恒星的许多密码。人们揭开了这些密码，从而了解了恒星世界的许多情况。

恒星的赫罗图

在 20 世纪初的 1913 年前后，发现了有关恒星的一个很重要的现象。丹麦天文学家赫兹普隆和另一位美国天文学家罗素，他们分别研究了一些已测出距离的恒星或恒星的集团。用它们的光度做纵坐标，它们的光谱型或温度做横坐标，在小方格图纸上画出一种图来。叫作光谱—光度图，人们用他们的姓名的头一个字组合，称之为赫罗图。赫罗图对恒星演化史的研究起了很大作用。

图上的每一点都代表着一颗确知其光度与光谱型的恒星。如果这 1 颗恒星的光度越大，则代表它的点子的位置应在图纸上越高的地方；同样地，如果点子越靠右方的位置上，则这颗恒星的表面温度越低。这正跟数学上的水平数轴的方向相反。只不过是因为他们喜欢按光谱型的顺序向右方展开而已。

在图的横坐标下还标有温度值，说明这种图如用温度来画，也是可以的，这样就可以称之为光度—温度图。还可以有其他的标记法，这里就不一一介绍了。

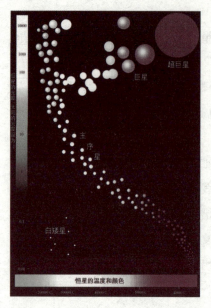

赫 罗 图

从赫罗图上可知，代表着每一颗恒星的点有规律地集中在图上的一些部位上，大约有90%左右的恒星分布在图的左上方斜向右下方的一条泥鳅形状的窄带上。这条带被称为主星序。另外一些星星则分布在图的左下方和右上方的区域内。

我们的太阳差不多位于主星序的中央位置上，这表明太阳的光度、温度以及它的质量等几个方面跟许多恒星进行比较的话，都属于中等程度。太阳的这种状况，保证了地球得到最合适的光和热（能源），使万物得以滋长，人类得以生存。如果太阳处于赫罗图的其他位置上，太阳不是太热，就是太冷，地球上就不可能像现在一样是一个生机勃勃的世界。

主星序上的恒星又称为主序星。除此之外，在赫罗图的右上方也有不少星密集在一起，这类星的体积特别庞大，有的比太阳大100万倍以上，发出巨大的光和热，所以称它们为巨星和超巨星。可是这类星的平均密度非常小，有的只有水密度的百万分之一。简直像我们地球上真空管内稀薄的气体一样稀。巨星的光谱多为K、M型，发红光，常称为红巨星。比如心宿二、参宿四等都是红巨星。

在赫罗图的左下角，也有一些恒星。这些星光度很小，肉眼不易看见；就光谱型与颜色来看是白色的，所以称之为"白矮星"。比如天狼星的暗伴星就是一个白矮星。它们的个子很小，有的只有地球这么大。但它们的密度是非常大的，约为水的100万倍。如果从它上面取出一汤匙的物质，差不多就达10吨以上！我们地球上普通的卡车恐怕亦难以把它运走。

现在，我们来说说另一个问题，那就是白矮星的物质为什么那么重呢？简单地说，白矮星上面的物质基本上都是由被挤压的原子所组成的。原子的构造可以想象为跟我们太阳系一样。太阳系的中心有太阳，周围有许多行星围绕它旋转。原子的内部有密度很大的原子核，核的外围是一层层的电子在运动。核的直径约为 10^{-13} 厘米，而原子的直径却有 10^{-8} 厘米。因此，原子的直径为原子核直径的 10^5 倍，体积为 10^{15} 倍。换句话说，一个原子中可以盛下 10^{15} 颗原子核。可见原子中的空间是很大的。

在某种强大的压力下，白矮星中的原子被挤碎，外围的电子和原子核都紧紧地靠在一起，因此使物质的密度大得惊人。白矮星中的物质在物理学上被称为"简并态"物质。

在宇宙间白矮星上的物质并不是最重的，天文学家认为还存在中子星与"黑洞"，它们才是最重的。特别是黑洞，它的密度差不多接近于原子核的密度，每立方厘米达 10^{17} 克或 10^{11} 吨！这种天体的质量非常大，它的引力也异常之大，以至于连光线都跑不出来，因而成为黑洞。黑洞是天体，不能想象为地面的什么黑咕隆咚的洞穴。

光谱的应用

天体光谱带给我们的信息是十分广泛的。

光线通过磁场以后，光谱线就会分裂成两条或者3条；磁场越强，谱线分裂越宽。于是，从谱线的分裂可以确定天体上的磁场强度；从它们分裂成两条还是3条，又可以判断磁场的方向。

太阳和地球都有磁场，脉冲星有很强的磁场。磁场情况也是重要的天体资料，利用光谱分析可以测定具有较强磁场的恒星的磁场强度。结果发现，脉冲星以外，磁场最强的恒星大多数是 A 型主序星，而且是一种被称为 A 型特殊星的 A 型主序星，有的磁场强度为几千高斯，有一个星达3万多高斯，有些 A 型特殊星的磁场强度做周期性的变化，极性也改变着。最近在一些 A 型特殊星上面发现了超铀元素。

另外，如果光源朝向观测者运动，它的光谱线就会向短波方向也就是紫端移动，这叫光谱线的紫移；相反，如果光源背离观测者运动，就会使光谱线向红端（长波方向）移动，这叫光谱线的红移。于是，从天体的光谱线是否在原来的位置，以及移动的大小，可以测定它面向或背离我们运动的速度。

天体上种种内部活动和物理作用，会使它的谱线加宽。于是，我们从光谱线形状的变化，又可以推断天体上的内部活动和各种物理作用。

从光谱分析中还可以确定天体的许多其他的特性，这里不再一一列举。总之，光谱分析使我们对天体的性质的了解大大前进了一步。

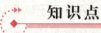
知识点

天体物理学

天体物理学是应用物理学的技术、方法和理论，研究天体的形态、结构、化学组成、物理状态和演化规律的天文学分支学科。

天体物理学分为：太阳物理学、太阳系物理学、恒星物理学、恒星天文学、行星物理学、星系天文学、宇宙学、宇宙化学、天体演化学等分支学科。另外，射电天文学、空间天文学、高能天体物理学也是它的分支。

天体物理学从研究方法来说，可分为实测天体物理学和理论天体物理学。前者研究天体物理学中基本观测技术、各种仪器设备的原理和结构，以及观测资料的分析处理，从而为理论研究提供资料或者检验理论模型。光学天文学是实测天体物理学的重要组成部分。后者则是对观测资料进行理论分析，建立理论模型，以解释各种天象。同时，还可预言尚未观测到的天体和天象。

延伸阅读

公元前384年，亚里士多德出生于色雷斯的斯塔吉拉，这座城市是希腊的一个殖民地，与正在兴起的马其顿相邻，他的父亲是马其顿国王腓力二世的宫廷御医。

亚里士多德于公元前367年迁居到雅典，曾经学过医学，还在雅典柏拉图学院学习过很多年。公元前366年，他被送到雅典的柏拉图学院学习，此后20年间他一直住在学院，直至老师柏拉图去世。从18岁到38岁——在雅典跟柏拉图学习哲学的20年，对亚里士多德来说是个很重要的阶段，这一时期的学习和生活对他一生产生了决定性的影响。苏格拉底是柏拉图的老师，亚里士多德又受教于柏拉图，这三代师徒都是哲学史上赫赫有名的人物。在雅典的柏拉图学院中，亚里士多德表现得很出色，柏拉图称他是"学院之灵"。

亚里士多德是现实主义的鼻祖。不同于他的老师柏拉图以自己假定的理想国衡量现实，他主张从现实的国家出发，防止国家堕落和促进国家的发展。他对人性和理性持怀疑态度，主张法治，而法律的来源也不是人的理性或者学者的思考，而是来自于历史和传统中为人们所遵循和认知的东西，也就是历史的理性。他对变法和改革持一种十分谨慎的态度，认为非到万不得已不宜改革。

同柏拉图一样，他认为城邦高于公民，但是他也主张人有自己的权利。因为城邦不仅是理性的产物，也是人们满足自身需求的产物。因此他要求实现城邦和公民利益的平衡。他还确立了公平的正义和交换的正义的均衡正义原则。一方面对于不同出身、财产、地位、能力的人要平等对待，另一方面对于特殊的任务也可以给予特殊的优待。为此他非常推崇民主制和君主制的结合，在立法问题上实行民主，行政上实行君主制。他希望借此在维护城邦整体利益时保证公民的各种利益，并提出了分权学说。

他还是类型学大师，依据统治者人数多少和是否维护全体公民利益把城邦分为六大类，并论证了各种整体的演变，其演变若是逐渐变坏，其原因则是那种综合的正义原则被破坏。

亚里士多德一生勤奋治学，从事的学术研究涉及逻辑学、修辞学、物理学、生物学、教育学、心理学、政治学、经济学、美学、博物学等，写下了大量的著作。他的著作是古代的百科全书，据说有400~1000部，主要有《工具论》《形而上学》《物理学》《伦理学》《政治学》《诗学》等。他的思想对人类产生了深远的影响。他创立了形式逻辑学，丰富和发展了哲学的各个分支学科，对科学等做出了巨大的贡献。他是最早论证地球是球形的人。

公元前322年，亚里士多德因身染重病离开人世，终年63岁。

恒星的起源、年龄与结构

恒星起源学说

关于恒星的起源，有两种互相对立的看法：一种认为，恒星是由星际弥漫物质形成的；另一种认为，恒星是由密度很大的超密物质形成的。为了讨论方便起见，我们把第一种看法称为弥漫说，把第二种看法称为超密说。前面已经谈到了不少对弥漫说有利的事实，如星团的赫罗图，从星际弥漫物质到恒星之间许多种过渡性的天体存在，等等。

主张超密说的人虽然很少，但他们坚决反对弥漫说——星云说，认为所有的星云说（包括太阳系起源的星云说）都是错误的。他们认为，恒星和星系都是由密度很大的超密物质形成的。他们的一个根据是星协的膨胀，由此认为在 100 万年到几百万年以前，星协的成员星都聚在一起，它们是由一个较大的超密块碎裂而形成的。猎户座四边型聚星就是在几十万年前由一个超密块形成的，今天观测到它们在瓦解着。英仙座双星团（它是一个星协的核心部分）是由一大块超密物质先分裂成两个超密块，每一块再碎裂形成一个星团。金牛 T 型星和鲸鱼 UV 型星这些年轻恒星内部还有残余的小块超密物质，当它们跑到表层来并在表层释放能量时，在这些恒星上面就发生不规则的光度变化，以及蓝紫光增强特别多等现象。太阳内部也有残存的小超密块，正是它们导致太阳活动的发生。

弥漫说根据 O 型和早 B 型（即 B0、B1、B2 光谱型）恒星常和星云在一起，金牛 T 型星也常和星云在一起，而且这几类恒星都是年轻的恒星的事实，认为这表示恒星是由星云形成的。超密说则认为星云物质和恒星都是由超密物质转化而来的，超密星前物质在形成恒星的时候也抛出物质来形成星云。从光谱分析结果得知，星云和恒星的化学组成很相似。弥漫说认为这是恒星由星云形成的证据；超密说则认为，这是恒星和星云都由超密星前物质形成的证据。

弥漫说认为，太阳系起源的星云说能够满意地说明行星的轨道几乎在同一个平面内，公转方向一样，同太阳的自转方向也一致，等等。这表示太阳这个恒星是由星云形成的。超密派反对星云说，但自己未提出什么更好的学说，他们认为太阳系起源问题只能和恒星起源问题同时解决。

30 年来逐步发展起来的恒星演化理论同恒星起源的弥漫说很好地连接起来，超密说不同意这个理论，但自己却提不出任何更好的理论来。超密说甚至不同意恒星的能源主要是热核聚变，但自己却只是把能源推到物理性质还不清楚的超密物质。

超密说遇到的另一个困难是恒星角动量的说明，这一点超密说自己也承认。许多恒星，也可能所有的恒星，都在自转着。如果恒星是由原来很小的一个超密块形成的，那么，由于角动量守恒，今天恒星的自转角动量在过去应当由小小的超密块所具有，这就要求超密块的自转速度大到每秒几万千米，甚至超过光速。超密块怎么会有这样大的自转速度？这个问题超密说回答不出来。

超密说认为所有恒星都由超密物质转化而成，星协就是由超密物质爆炸碎裂形成，所以才膨胀。按照这种观点，星团也应当是由超密物质爆炸碎裂形成的，也应当膨胀，但今天观测到的星团绝大部分并不在膨胀。如果超密说认为，超密物质形成的星群既可以膨胀，也可以不膨胀；那么，星协的膨胀也就不一定表示它们是由超密物质形成的。

超密说认为，金牛 T 型星等年轻的不规则变星的光度变化和光谱变化，是由于残存于这类恒星内部的超密星前物质跑到恒星表面，在那里释放能量的结果，并认为太阳活动也是由于残存于太阳内部的超密物质跑到表面来释放能量。但近年来观测和研究的结果表明，太阳活动很可能是磁场、对流和较差自转（表面纬度越高处，自转角速度越小）联合造成的磁流现象。金牛 T 型星的磁场比太阳的强得多，自转比太阳快，对流也比太阳的强烈得多，所以在这种恒星上面出现比太阳活动强烈得多的星面活动，导致大量物质的抛射和显著的光度变化、光谱变化，也就不足为奇了。O 型星和早 B 型星也是年轻的恒星，按照超密说，这类星内部也应当有残存的超密物质，但这类星的绝大部分并没有显著的光度变化和光谱变化。

吸引、排斥矛盾是天体演化中的基本矛盾。当吸引成为矛盾的主要方面时，天体就收缩；当排斥成为矛盾的主要方面时，天体就膨胀或抛射物质。从理论上说，密度很小的弥漫物质由于吸引超过排斥而收缩成为中等密度的恒星，和密度很大的超密物质由于排斥超过吸引而膨胀成为中等密度的恒星，这两者都是可能的。到底恒星是由弥漫物质形成的，还是由超密物质形成的，这只能根据观测实践的结果来下结论。也有可能是这样：一部分恒星由弥漫物质形成，另一部分恒星由超密物质形成。还有一种可能：弥漫物质先收缩、集聚成高密度的物质，然后再碎裂形成一个星群。星协和四边型聚星就有可能是这样形成的。今天有许多观测事实表明，至少有一部分恒星或者大部分恒星，它们是由弥漫物质形成的；但也有一些事实表明，至少有一部分恒星是成群的由密度大的物质碎裂形成的。恒星、弥漫物质、超密物质三者都是客观存在于宇宙空间里的物质形态，这一点已得到公认，只是关于三者之间的关系存在着不同的看法。要搞清三者之间的关系，应当在更高的物质层次——星系及其各种集团里去深入一步讨论。我们今天必须承认，恒星起源问题还没有完全解决，还需要进一步探讨。

近年来，超密说不仅认为恒星和星系都由超密物质形成，而且认为宇宙间的物质过程都是单向地、不可逆地从密到稀，也就是从较大的密度到较小的密度。这样走向极端，超密说就犯了严重的哲学错误。于是，超密说就从原来的一个科学学说（1947年首次提出）沦为一个形而上学的唯心主义命题。超密说声称，他们的研究方法是以"依靠辩证唯物论的原则"为指导，但认为宇宙过程总是从密到稀，就是完全无视、完全否定了吸引这个矛盾侧面。否定吸引这个矛盾侧面就是否定对立统一规律，就是否定唯物辩证法。吸引、排斥矛盾是常在转化的，对于一个物质客体，有时候吸引成为矛盾的主要方面，客体收缩，有时候排斥成为矛盾的主要方面，客体膨胀。宇宙过程总是从密到稀的论点是完全错误的。

恒星的年龄

利用地壳岩石里放射性物质及其蜕变产物的相对含量推算出地球的年龄为46亿年，太阳不会比地球年轻，所以太阳的年龄至少也是46亿年以上。但是，有很多恒星的年龄不会超过1000万年。一个例子是主星序最上部的O型星和早B型星，它们的光度比太阳大几百到几千倍，即每秒钟损耗的能量比太阳大几百到几千倍，但质量只比太阳大几倍到几十倍，所以年龄一定比太阳小得多。若恒星质量等于太阳的 10 倍，光度等于太阳的 3000 倍，那么年龄上限就不超过 3000 万年。有些很不稳定的早型星，例如天鹅 P 型星和沃尔夫拉叶星这两类很不稳定的恒星，目前观测到它们在连续不断地、大量地抛射物质。它们肯定是很年轻的恒星，因为早型星的年龄原来就不大。如果以目前观测到的速度抛射物质，那么几十万年到一两百万年内恒星的全部物质就抛完了。属于星协的早型星和金牛座 T 型星的年龄也不会大，因为从星协的膨胀速度算出，几十万年到几百万年前，星协成员星位于一个很小的体积内，这些恒星在一起时，它们都形成不久。所以，星协成员星都是年龄较小的恒星。另一方面，星族 Ⅱ 的恒星则是年龄比太阳大的恒星。

值得注意的是，年龄大的恒星不一定是年老的恒星，年龄小的恒星不一定是年轻的恒星。一个恒星是年轻或年老或中年，还要看它所属的那一类恒星的平均寿命等于多少。在生物中，乌龟的寿命在 100 年左右或更长，所以一个年龄 30 岁的乌龟并不是年老的而是年轻的。另一方面，猫的平均寿命只有四五年，所以年龄 4 岁的猫已算是年老的了。决定恒星寿命的因素主要是质量，处于同一演化阶段的恒星中，质量越大的，内心温度越高，因而热核反应速率越大，演化速率也越大，所以寿命就越短。上面提过，氢核聚变可以供应太阳 100 亿年左右所需的能量，而对于质量等于太阳质量 10 倍的恒星，只能供应 3000 多万年，相差 300 倍。以寿命除以年龄就可以得到所谓演化龄。

演化龄越接近 1，恒星就越老；演化龄越接近 0，恒星就越年轻。年龄和演化龄都是研究恒星的起源和演化的重要资料。可惜的是，各种质量的恒星的寿命还未能准确地测定出来。

恒星的结构和能源

恒星比生物大得多，但恒星的结构却远没有生物复杂。恒星都是气体球，密度、温度、压力都从外向里增加，离恒星中心同样距离处，密度基本上一样，温度和压力基本上一样，甚至化学组成也基本上一样，各种化学元素的原子的电离情况也基本上是一样的。说"基本上"，这就是说，一方面，恒星的各种物理参量的分布基本上是球状对称的（这给研究增加了很多方便）；另一方面，这种球状对称也有例外。破坏球对称的因素，一是对流，对流把里面较热较密的物质带到外面来，把外面较冷较稀疏的物质带到里面去；二是湍流，这是规律性比对流更不明显的物质流动。

人们只能观测恒星的外部，恒星的内部是不能被直接观测到的，但内部的情况会或多或少地在外部表现出来。太阳每秒钟从它的整个表面发出 91.4×10^{20} 万卡的辐射能量，相当于一盏约 3×10^{23} 万瓦的巨型照明灯。这么大的能量并不是在外部产生的，而是在中心部分产生的。太阳中心部分温度很高，所产生的辐射主要是波长很短的 X 辐射和 γ 辐射，这种辐射在从里往外转移的过程中经历了无数次的吸收和发射，到了表层，就变成了波长长得多的辐射，也就是我们在地上所接收到的太阳辐射。研究太阳和恒星的结构和演化，最主要的手段就是分析它们发出的辐射。

通过观测获得了恒星的光度、表面温度、质量、半径、磁场强度、自转情况以后，运用物理规律和数学方法可以推算出恒星内部各种物理参量的分布情况，也就是可以得出恒星的结构。恒星都在一定时间内处于相对稳定状态，吸引和排斥这两个对立面处于相对平衡中。吸引的主要因素是自吸引，即恒星各部分之间的万有引力作用；排斥的主要因素是热运动所产生的气体压力，此外还有辐射压力、湍流压力、自转所产生的惯性离心力等等。电磁力既起了一定的排斥作用（磁感线的张力），也起了一定的吸引作用（把电离质点约束在磁感线周围）。如果吸引超过排斥，成为矛盾的主要方面，则恒星收缩；相反，如果排斥成为矛盾的主要方面，则恒星膨胀。

恒星的能源是和恒星的结构密不可分的问题，只有在解决能源问题以后，结构问题才能得到解决。一直到 20 世纪 30 年代末期，人们才确定了太阳和恒星的主要能源是在它们内部进行着的热核反应。目前的太阳，其内心进行着的热核反应是由 4 个氢核在温度高达 1000 多万度的条件下聚变成一个氦核。原子核都带正电荷，氢核只有速度很大时才能走到其他氢核或氘核、氚核邻近，和它们结合为氦核。速度大，就意味着恒星内部由原子核、电子和其他基本粒子所组成的气体的温度很高，所以高温下的核反应被称为热核反应。

氢核的质量为 1.00728 原子质量单位（等于 1.6606×10^{-24} 克），氦核的质量为 4.0015 原子质量单位。4 个氢核聚变为一个氦核以后，会出现质量亏损

Δm，按照质量和能量之间互相联系和互相转化的关系，可以算出 1 克氢转化为氦时释放出的能量相当于 15 吨煤燃烧时释放出的热量。氢是恒星上最丰富的化学元素，对于刚形成的太阳，氢约占其质量的 78%，所以用氢作为燃料，对于太阳，可以在约 100 亿年时间内供应全部所需要的能量。氢消耗完以后，氦还可以聚变，还可以供应能量。恒星演化最早期，当它的密度还很低，内心温度也还不够高来开动热核反应时，能源不是热核反应，而是恒星收缩时引力势能转化为热能。

事实上，太阳和恒星内部氢聚变并不是 4 个氢核直接结合为一个氦核，在高速运动中，4 个质点正好碰到一起而且结合起来，这种可能性是极小的，聚变是一系列核反应。现认为主要有两种氢聚变为氦的核反应系列，一种叫作质子—质子反应，另一种反应称为碳氮循环。

知识点

放射性物质

某些物质的原子核能发生衰变，放出我们肉眼看不见也感觉不到，只能用专门的仪器才能探测到的射线，物质的这种性质叫放射性。放射性物质是那些能自然地向外辐射能量、发出射线的物质。一般都是原子质量很高的金属，像钍、铀等。放射性物质放出的射线有三种，它们分别是 α 射线、β 射线和 γ 射线。

在大剂量的照射下，放射性对人体和动物存在着某种损害作用。如在 400rad 的照射下，受照射的人有 5% 死亡；若照射 650rad，则人 100% 死亡。照射剂量在 150rad 以下，死亡率为零，但并非无损害作用，往往需经 20 年以后，一些症状才会表现出来。放射性也能损伤遗传物质，主要在于引起基因突变和染色体畸变，使一代甚至几代受害。

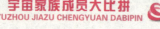

延伸阅读

　　猎户座（Orion）是全天最壮丽的星座，是赤道带星座之一，位于天球赤道，地球上大部分地区都能看到。具体位于双子座、麒麟座、大犬座、金牛座、天兔座、波江座与小犬座之间，其北部沉浸在银河之中。星座主体由参宿四和参宿七等4颗亮星组成一个大四边形。在四边形中央有3颗排成一直线的亮星，设想为系在猎人腰上的腰带；另外，在这3颗星下面，又有3颗小星，它们是挂在腰带上的剑。整个形象就像一个雄赳赳站着的猎人，昂首挺胸，十分壮观，自古以来一直为人们所注目。星座代表猎人，脚边还有两只狗（大犬座及小犬座）。当地球自转时，猎户座追逐着昴宿星团横越天际。猎户座亮星不少，但最著名的特征是猎户佩剑上的巨大星云M42，位置在3颗星所排成猎户腰带的南边。

　　在猎人佩剑处，肉眼隐约可看到一个青白色朦胧的云，那是著名猎户座大星云。而在猎人腰带中左端，有一个形似马头的暗星云，就是著名的马头星云（肉眼不可见）。除这些有名的星云外，猎户座中还有许多气体星云。

　　猎户座中α、γ、β和κ这4颗星组成了一个四边形，在它的中央，δ、ε、ζ这3颗星排成一条直线。这是猎户座中最亮的7颗星，其中α和β星是1等星，其他全是2等星。一个星座中集中了这么多亮星，而且排列得又是如此规则、壮丽，难怪古往今来，在世界各个国家，它都是力量、坚强、成功的象征，人们总是把它比作神、勇士、超人和英雄。

　　在我国三垣二十八宿中，猎户座相当于参宿、觜宿和参旗、水府等星官的位置。

　　猎户座中最亮的是β星，它的视星等为0.12等，在全天的亮星中排在第七位，绝对星等为−7.1等，表面温度12000K。猎户座α星，它是全天第九亮星，拉丁文为Betelgeuse，亮度在0.06等和0.75等之间变化，亮度变化周期为5年半，属于不规则变星。每年1月底2月初晚上8点多的时候，猎户座内连成一线的δ、ε、ζ 3颗星正高挂在南天，所以有句民谚说"三星高照，新年来到"。

恒星的诞生与死亡

恒星的诞生

在了解了恒星世界的许多情况之后，人们自然会想到，在茫茫宇宙中，恒星是怎样诞生的，怎样成长的，它们的结局又是如何？如此之类的问题，虽然跟我们的现实生活相去甚远，但是作为空间时代的人，需要有一个正确的宇宙观。了解有关这些问题的知识，是大大有益于开拓年轻朋友们的思想境界，丰富自己的观念，对宇宙间事物基本上有个正确的理解。

世间万物都有它发生、发展和消失转化的整个过程。快的如一道雷雨中的闪电，慢的如地上山川湖泽的变迁情况，它们对于我们人类来说观察起来并没有什么太大的困难。唯独那些天体的变化（新星与超新星的爆发例外），所需的时间并非以年以月计即能显示出来的，它们从产生到"死亡"整个过程中所经历的时间要长达百亿年、千亿年以上。像这样缓慢的变化过程，实为我们任何一个人都无法在一生中观察到的。即使是整个人类的文明史也不过只有几千年，和那用亿年的时间才能看到一个天体的兴衰过程相比，简直像火花那样短暂。不过，每一个天文学家还是有机会在他短短的一生中看到宇宙中恒星的生死情况的。这好似我们每一个人都能随时随地从周围的人群中看到一个人的生命规律那样，而不必专门去观察特定的某一个人的整个生命过程之后才会了解人的一生。

宇宙之大是我们难以想象的。至少说，当我们在某一天夜里用望远镜巡视天空的时候，我们所看到的星空景象只是宇宙的一部分，而且这些天体现在的状况，并不是像你在视觉上所看到的这样。由于它们离我们的距离相差悬殊，从几光年到几千、几百万光年以上的都有，所以我们在同一个夜晚所看到的星光却是不同年代的事情重合在一起的图景了。近一些的恒星星光是几年前射出的，而较远一些的星系射出的光芒，会是几十亿年前从那里出发，现在才到达我们这里的。天文学家们可以把同时看到的天空中所有的星体的状况加以比较分析之后，就有理由设想它们之中谁是刚诞生不久的"婴儿"，谁是行将就木的"老头儿"了。

现在，大家普遍认为恒星是成群结队地从一团星云物质中产生出来的。最有力的证据是天文学家拍到的许多状似气体云雾的照片中包裹着不少质量很大、温度很高的蓝色恒星，它们看来就是从这团云雾状的星云中诞生出来的，而且年龄还相当小。有时干脆就叫它们幼年恒星。

那么它们在诞生之后，是分散开还是集结在一起生活？在回答这个问题之前，还是先让我们用望远镜来巡视天空吧！

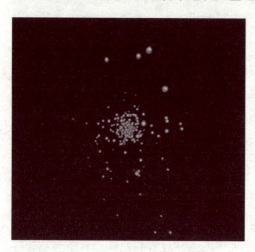

毕星团

每当冬夜来临，特别是冬至前后那一段好天气的夜间，虽然寒风凛冽，你却很容易用肉眼在金牛座里看到两处恒星密集的地方。一处是在金牛座最亮的 α 星（毕宿五）附近的一群星星，用肉眼只能数出 10 来颗，俗称毕星团的恒星集团，其实共有 100 多颗恒星集结在很小的一个天区里。从它们的自行方向里可以看到它们是一群朝向猎户座里某一点移动去的恒星集团。毕星团的形状大约是球形的，直径大小约为 5 秒差距。它们是集体行动的一群恒星。另一处是在毕星团靠北一些地方，那里集结着一群星（肉眼可数出 7 颗星星），名叫昴星团，俗称"七姐妹星团"。昴星团的成员星大约有 300 个之多，它的直径大小约为 4 秒差距，它的年龄比毕星团要小一些。

此外，你们更可以根据星图的指引，用望远镜在银河中寻找到许多星团。我们原则上把 10 颗以上有物理联系的星群称为"星团"，10 颗以下的称"聚星"。星团又分为银河星团和球状星团两类。银河星团是由于它们的位置多在银道面附近而得称，星团中星数较少，结构松散（因而常被称为疏散星团）。球状星团（比如武仙座球状星团）中星数较多，甚至包含几千万颗之多，挤在一起，看来像只球。越近中心部分越密，以至于无法分开单个的恒星来。球状星团所占空间范围比较大，直径可达几十秒差距，其中变星较多，光谱型较晚，天文学家比较了两种星团的赫罗图之后，推知球状星团比银河星团要老得多，年龄达几十亿年之久了。已发现的银河星团为 1000 多个，球状星团约为 158 个。

七姐妹星团

球状星团中的星那么多，又那么拥挤地集结在一起生活，毫无散开的趋向，究竟是什么一种吸引力使它们这样做呢？近年来天文学家观测到有些球状星团会发出很强的 X 射线，因而想象在它们的中心有一个物质高度密集的天体——黑洞。或许还不止一个吧！

这黑洞原先是数学家兼天文学家拉普拉斯提出的一种理论上的设想，根据现代理论计算认为，如果我们这个太阳保持现有的质量不变而直径缩小到只有 3 千米的时候，就会成为一个黑洞，这时它的密度约为水的 4 万亿倍了。它会对周围的东西有强大的吸引力，连它自己可能发射出的光线——光子，都无法逃离开它。因此在它周围的人是看不到它的存在的，它就成为一个宇宙中的黑洞了。黑洞的名字，就是由此而来的。天上的恒星是发光的，因为它内部有氢核在燃烧。而黑洞中没有氢或其他元素在燃烧，因此就不能发光，我们也就看

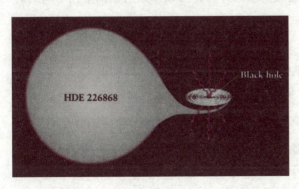

HDE 226868

Black hole

天鹅座 X - 1

不见了。但是黑洞有强大的吸收力，这个吸收力可使邻近的物质（或恒星）急速降落在黑洞上，运动的能量很大，以致发射出 X 射线来。我们就可以从许多发射 X 射线的天体附近，去找到黑洞。目前，天文学家们认为，天鹅座中的一个 X 射线源（名

叫天鹅座 X－1），可能是个黑洞。

除了上述的两种星团之外，还有一些比疏散星团体积更大、结构更为松散的星团，成员星几乎是零零落落地聚在一起，只有通过比较它们的光谱型，才会发觉，掺杂在它们中间的还有一些与它们没有"血缘关系"的一些恒星。如果设法把它们区分开来，就会觉得它们确是同出于"一个娘胎的兄弟姐妹们"。这样的一些恒星集团，叫作"星协"。它们的成员星的光谱型是年轻的，由 O、B 型星组成者称 O 星协，由金牛座 T 型变星为主组成者称 T 星协。星协多与星云有关系，它们是才从星云中产生不久的年轻恒星集团，它们正在膨胀瓦解中，年龄才几百万年（对天体的寿命来说，这是很短的）。不久之后，它们将会成为"单身汉"而浪迹于宇宙空间。

恒星的衰亡

由于天体演化所经历的时间真正是天长地久，任何一个天文学家，即使用他一辈子的时间都无法跟踪某一颗恒星，得以观察出它的生活史。因此，现在大家普遍认可的有关恒星演化的知识，仅仅是一种理论上的计算与推断而已。也许这种理论与猜测相当符合目前天文学家所观测到的宇宙中的情景，但仍然不可作为确信无疑的结论。

罗素—福格特提出一条定理："一旦由星云中产生出一颗恒星之后，这颗恒星所具有的质量和它的化学组成就会决定这颗恒星一生的命运。"理论上可以建立起一组组的数字模型，通过复杂的计算，可以知道这颗恒星在不同的时期里应该是什么样子的，如何走过它一生的路程，它的最后归宿在哪里，等等。

如果假设有一团原来比太阳系的范围大得多的星际气体和尘埃云，它的半径可能会在 3×10^{12} 千米上下。经过收缩之后它的半径会成为像太阳这样大小（约 7×10^5 千米）；它的密度会由原来的 10^{-18} 克/厘米^3 提高 100 亿亿倍到 1 克/厘米^3（和水的密度差不多）。它由原始星云的温度 -253℃ 升高到 10^7℃ 左右，此时恒星开始发光。这样，它就作为一颗成熟的恒星而遨游于太空之中。也像生物的生命规律一样，它出生和幼年所占的时间要比它成年之后所占的时间要少得多。一颗恒星由星云诞生而出所需的时间也许要数十年或数百万年之久，但是与它成年以后所经历的数百亿年时间相比，显然是短得多的。举个例子，某颗比太阳稍大一些的恒星，由诞生到死亡所经历的生活路程，可以用它在赫罗图上所处的位置连续地标示出来。

开始时，它在主星序斜线的上方，很快收缩成主星序恒星，并且停留在主星序的位置上时间最长。这时它靠燃烧氢聚变成氦的核反应所释放出的能量过着稳定的"幸福生涯"。质量越大的恒星，停留在主星序位置上的时间越短，这是因为它的光度大，损失的能量和物质也越快的缘故。比太阳质量大50倍的恒星在主星序里只会生活百万年之久就会离开主星序的位置；而只有太阳质量1/10的恒星则会停留在主星序阶段达万亿年以上。然后，它们由于中心氢燃料的耗尽，氦增多，收缩并升温，把氦又点燃了，开始了另一些核反应。把氦聚变成更重一些的元素，如碳和氧。氦的燃烧过程是很快的，因此恒星从主星序位置很快地经过膨胀而演化成红巨星，这时它已差不多过了中年。

恒星经过红巨星阶段的生活之后，在走向死亡的路上，也会因原来质量的大小而不同。大质量的恒星将先演化成造父变星，然后再通过主星序位置，慢慢地升温缩小，终至大爆炸后又成为新星或超新星。但是它的末日终于来临了。爆炸之后所留下的将是一颗密度非常大的中子星。

质量小的恒星的衰亡是比较平静的。恒星的质量小于1.44个太阳质量的，结局都是白矮星。如果恒星的质量不到太阳的一半，那么这种星不经过红巨星阶段，就直接变为白矮星。

质量比太阳大3倍以上的恒星，它们的衰亡要经过激烈的转变，即经过超新星的爆发过程。爆发后其大部分物质抛射入宇宙空间，成为星云与星际物质，而中心部分则成为中子星。

大质量的恒星经过爆炸后，剩余的质量如果仍然大于两个太阳质量的话，那么它的结局是形成黑洞。

总的说来，恒星的一生，大致经历如下的流程：

在这个流程图中，超新星爆炸后形成的星际物质与早先形成恒星的单纯的星际物质是不一样的。爆炸后的星际物质中包含有较重的元素物质。根据这一点，有人认为我们的太阳中含有那么多的重元素，太阳可能是第二代或第三代恒星。但是这个问题太复杂了，目前尚无定论。

再说，恒星演化到中子星、黑洞后，是不是一点都不变化了？这很难说。有的人认为，它们也会有变化的。比如说，中子星与中子星互相碰撞，也可能碎裂，成为另一种宇宙物质了。而黑洞也会有变化，可能重新发射物质。这样，黑洞就不是恒星演化的终点。当然，这些看法有待于未来的进一步研究。未来科学工作者要做的事不是很少，而是很多。人类探索宇宙是永无止境的。

▶ 知识点 ▶▶▶▶▶

氦，原子序数 2，原子量 4.002602，为稀有气体的一种。元素名来源于希腊文，原意是"太阳"。1868 年，有人利用分光镜观察太阳表面，发现一条新的黄色谱线，并认为是属于太阳上的某个未知元素，故名氦。

后来有人用无机酸处理沥青铀矿时得到一种不活泼气体，1895 年英国科学家拉姆赛用光谱证明就是氦。以后又陆续从其他矿石、空气和天然气中发现了氦。氦在地壳中的含量极少，在整个宇宙中按质量计占 23%，仅次于氢。氦在空气中的含量为 0.0005%。氦有两种天然同位素：氦 3、氦 4，自然界中存在的氦基本上全是氦 4。氦在通常情况下为无色、无味的气体；熔点 –272.2°C（25 个大气压），沸点 –268.9°C，密度 0.1785 克/升，临界温度 –267.8°C，临界压力 2.26 大气压，水中溶解度 8.61 厘米^3/千克水。氦是唯一不能在标准大气压下固化的物质。液态氦在温度下降至 2.18K 时，性质发生突变，成为一种超流体，能沿容器壁向上流动，热传导性为铜的 800 倍，并变成超导体；其比热容、表面张力、压缩性都是反常的。

氦是所有元素中最不活泼的元素，基本上不形成什么化合物。因为氦的原子核到电子层距离很小，并且达到了稳定结构。它的性质便决定了用途，氦的应用主要是作为保护气体、气冷式核反应堆的工作流体和超低温冷冻剂等等。

现在已知的氦同位素有八种，包括氦 3、氦 4、氦 5、氦 6、氦 8 等，但只有氦 3 和氦 4 是稳定的，其余的均带有放射性。

延伸阅读

中子弹，亦称"加强辐射弹"，是一种在氢弹基础上发展起来的、以高能中子辐射为主要杀伤力、威力为千吨级的小型氢弹。它属于第三代核武器。第一、二代分别为原子弹和氢弹。

中子弹的特点是爆炸时核辐射效应大、穿透力强，释放的能量不高，冲击波、光辐射、热辐射和放射性污染比一般核武器小。

核武器都具有核辐射、冲击波和光辐射等杀伤力。中子弹主要利用爆炸瞬间发出的高能中子辐射来杀伤敌人。中子弹爆炸时，核爆炸射出的中子数比同威力的裂变弹大 5～6 倍，高能中子的比例也大幅增加，其核辐射效应特别大。如一枚千吨级 TNT（黄色炸药）当量（核爆能量单位）的中子弹，在距离爆炸中心 800 公尺处的核辐射剂量，是同当量纯裂变核武器的 20 倍左右。

中子弹爆炸时产生的冲击波较小。一枚千吨级 TNT 当量的中子弹，它的核辐射对人类的瞬间杀伤半径可达 800 公尺，但其冲击波对建筑物的破坏半径只有三四百公尺。鉴于中子弹具有的这一特性，如果广泛使用中子武器，那么战后城市也许将不会像使用原子弹、氢弹那样成为一片废墟，但人员伤亡却会更大。

中子弹的杀伤原理是利用中子的强穿透力。由质子和中子组成的原子核，其质子带正电，中子不带电，中子从原子核里发射出来后，它不受外界电场的作用，穿透力极强。在杀伤半径范围内，中子可以穿透坦克的钢甲和钢筋水泥建筑物的厚壁，杀伤其中的人员。中子穿过人体时，使人体内的分子和原子变质或变成带电的离子，引起人体里的碳、氢、氮原子发生核反应，破坏细胞组织，使人发生痉挛、间歇性昏迷和肌肉失调，严重时会在几小时内死亡。一般氢弹由于加一层铀－238 外壳，氢核聚变时产生的中子被这层外壳大量吸收，产生了许多放射性沾染物。而中子弹去掉了外壳，核聚变产生的大量中子就可能毫无阻碍地大量辐射出去，同时，却减少了光辐射、冲击波和放射性污染等因素。

YUZHOU JIAZU CHENGYUAN DABIPIN

中子弹的中心是一个超小型原子弹，作用是起爆点火，它的周围是中子弹的炸药——氘和氚的混合物，外面是用铍和铍合金做的中子反射层和弹壳，此外还带有超小型原子弹点火起爆用的中子源、电子保险控制装置、弹道控制制导仪以及弹翼等。

恒星的演化

从序列性到演化

序列性与赫罗图

恒星的生命是漫长的，它的演变是十分缓慢的。根据放射性元素测定，地球的年龄长达 46 亿岁。太阳的年龄不会比地球小，这就是说，太阳也已经生存几十亿年了。恒星的生命比人的寿命长得多，因此，一个人不能看到一个恒星从生到死的全过程。人类的文明史也只有几千年，整个人类的历史中也不可能积累一个恒星生命全过程的资料。恒星寿命之长，给我们研究它的历史提出了难题。

恒星演化论认为，我们虽然不能观测到一个恒星从生到死的过程，但是，宇宙在时间上没有尽头，在无数的星星中，有的是新生的，有的是将死的，各种不同阶段的天体都会同时出现在我们的眼前。我们有可能找到它们之间的序列性，并且进一步探讨它们转化的条件，就能找出它们发展的规律，弄清它们生命的历史。

寻找恒星世界的序列性是一件艰巨的工作。在天体物理学发展起来以后，对各种恒星的物理特性进行了广泛的测定，发现它们的序列性的条件才成熟了。

19 世纪末，在恒星光谱分类法提出来以后就有人认为，这种分类具有演化意义。有些人认为，恒星是从 O 型演化到 B 型，然后到 A 型、F 型，一直到 M 型，表面温度逐渐下降。所以 O、B、A 型被称为"早型"，F、G 型被称为"中型"，K、M 型被称为"晚型"。收缩可能是恒星在某一发展阶段的主要能源，但恒星位于主星序内时，收缩不是主要能源，热核反应才是主要能源。

把各种不同的恒星的坐标点画出以后，他们发现，这些点子并不是零乱地分布的，而是有一定的规律性。特别是沿左上方到右下方的对角线上点子多而密集，他们把这叫作主星序，似乎表明，温度高的星光度强，随着温度减少光度也减弱。在左下方也有一个比较密集的区域，这些星温度高，呈蓝白色，可是光度很弱，想必它们的体积不大，所以叫作白矮星。在主星序的右侧还有一个比较密集的区域，这些星光度比较大，而温度很低。温度低的物体辐射弱，而这种星的光度却很大，想必它的体积十分大，所以叫作巨星。在巨星的上方是超巨星。

在 20 世纪 30 年到 40 年代，人们发现，星团的赫罗图是多种多样的。有的星团，像昴星团，只有主星序。有的星团，如金牛座里的毕星团，在主序星最上部一个恒星也没有，但红巨星区域却有一些恒星。有的星团，主序星上部完全没有恒星，在红巨星区域恒星却很多。主星序上部几乎没有恒星，从 G 型处有许多恒星把主星序和红巨星序连接起来。对于球状星团，在图上部多了一条大致水平方向（实际上向左下倾斜）的分支，在这条水平分支上面的恒星包括天琴 RR 型变星（在图中以"×"号表示）。另一方面，对于一些银河星团，例如包括猎户座星云在内的银河星团 NGC 1976 和在人马座的银河星团 NGC 6530，赫罗图主星序只有最上面的一部分，从 A 型或 F 型开始一直到 M 型，成员星都位于主星序的上面，其中很多是金牛座 T 型变星。这些中型和晚型星还没有演化到主星序，还处于引力收缩阶段。

从星团的各种赫罗图可以推出下列有关恒星演化的初步结论。

（1）很多银河星团的主星序上部向右方做不同程度的弯曲。主序星上开始弯曲那一点，称为弯曲点，对不同的星团，弯曲点在不同位置。这些观测事实表明，主星序是恒星演化的一个阶段，在这个阶段结束后，恒星就离开主序星，向红巨星或红超巨星方面转移。对于同一星团，主序星越上面的部分，向右移动越多。由于主序星越上面的恒星质量越大，所以这个事实表明，恒星的质量越大，停留在主序星上面的时间越短，越早离开主序星向右方移动。

（2）主序星上部消失的一段越长，巨星区域就有越多的恒星。对于早型星，在巨星区和主序星之间有很大的空隙，这表示从主序星上部到巨星区的转移只用了不长的时间，早型星很快就变成红巨星或红超巨星了。对于中型星，主序星和红巨星区之间有许多恒星把它们连接起来。银河星团 M67 就是这样，球状星团也都是这样。这表示，质量较小的恒星从主序星阶段到红巨星阶段的过渡是较慢的，演化速率比质量大的恒星小。质量越大，演化越快。

（3）球状星团水平分支的存在表明，恒星结束了红巨星阶段以后，在赫罗图上向左移动，表面温度升高，经过天琴 RR 型星脉动的阶段。球状星团有水平分支，银河星团没有，这表示球状星团的演化龄比银河星团大。银河星团的赫罗图多种多样，这表示银河星团的年龄和演化龄也多种多样。后来的分析表明，像 NGC 2362 这样的星团，年龄只有几百万年，而昴星团的年龄则大到 7000 万年，毕星团的年龄为 4 亿年，M 67 星团的年龄接近 100 亿年。球状星团的年龄估计在 50 亿年到 120 亿年之间。

（4）NGC 1976 和 NGG 6530 这些星团的赫罗图表明，恒星进入主序星以前是在主序星的右上方，处于引力收缩阶段。这类星团是最年轻的星团，猎户座星云所在的 NGC 1976 星团的年龄只有 30 万年左右。位于主序星右上方的中晚型星很多是金牛 T 型变星，这类变星多为星协成员星，年龄从几十万到一二百万年。

这些结论后来都被更多的观测事实所证实。星团赫罗图的观测和分析使恒星的起源和演化的研究取得了重要成果。

演化中的力和能量

单单根据序列性来判断恒星的演化途径还是不充分的，尤其是赫罗图表现的是两个因素联合构成的序列，我们不能随意认为恒星要沿哪一条曲线演变。我们还必须研究，在恒星的具体物理条件下，物理定律容许和要求它怎样变化。因此，我们要确定恒星所处的条件，按照物理定律来推算它的变化途径。

研究物体的变化，必须考虑两个最重要的因素：一个是力，一个是能量。物体的运动和转化是由力和能量方面的物理定律决定的。

物质的运动决定于它所受到的力。

任何物体都具有引力，因此它必须遵守万有引力定律。

由于热运动，物体内部具有压力。压力同物体的温度、密度、物质成分等因素是通过热力学定律联系起来的。

此外，还有自转引起的惯性离心力，以及电磁力、辐射斥力等等。

我们必须研究：在什么条件下恒星所受到的各种力达到平衡？什么条件下平衡被破坏？在各种条件下起主要作用的力是什么？在力的作用下，恒星的密度、温度、体积、光度等参量又怎样变化？

一般情况下，引力和内部的压力是主要矛盾。如果内部压力不足以和引力相抗衡，星体就要收缩；反过来就要膨胀。缓慢变化中的天体可以说是处在大致平衡的状态。

天体的温度、光度决定于它的能量。

我们必须弄清天体能量的来源：天体为什么会发光？是什么作用使天体"燃烧"这么长的时间？我们还需要弄清：能量怎样传递？怎样消耗？能量的产生、传递、消耗和天体内部温度、压力、化学成分等因素的关系怎样？

关于天体所遵守的力学定律，人们早已完全掌握了。天体的能量的传递和损耗也大致清楚了：对流和辐射使能量在天体内部传播，辐射使天体的能量传到空中损失掉。可是，关于天体内部能量的来源却一直不清楚，这成为解决恒星演化问题的一个关键。

天文学家很久以来就在思考恒星和太阳能量来源的问题。太阳，是地球上光和热的根本来源，它每秒钟把400亿亿亿焦耳的能量释放到太空中去，什么样的燃料使它这样燃烧了40多亿年呢？

起初，有人以为是太阳周围的陨石之类的东西不断掉进去燃烧而发出的热，但是这样需要的陨石太多了，没有这么多的陨石。

后来，有人又以为是引力，引力使太阳收缩，物质在引力作用下向中心运动，把引力势能转化成为动能，就像地面上高处的物体落下的时候那样。然后动能又转化为热能。但是仔细一算，太阳的引力能全部转化为热能，也不足以维持这么长久而强烈的辐射。

当天文学家为寻找恒星和太阳的能源而苦恼的时候，物理学家在研究原子核结构和核反应方面正在迅速地前进。20世纪30年代末，物理学家从理论上发现，原子核反应可以产生巨大的能量。把这种理论首先用来研究太阳的能源，计算结果使天文学家和物理学家都惊喜不已。物理学家从"天上"得到了他们的理论的第一个检验和支持。太阳的能源正好可以由核能源来解释。天文学家也解决了自己的老难题。

在1000多万度的高温下，4个氢原子核可以聚变为一个氦原子核，聚合过程中要释放出巨大的能量，1克氢转化为氦就要释放30000千瓦小时（1千瓦小时相当于360万焦耳）的能量，相当于24吨TNT炸药放出的热量。恒星上最多的元素就是氢，普通的恒星拥有几千亿亿亿吨质量，核反应自然可以使恒星强烈地辐射几十亿年而不衰。氦核又可以合成碳核，碳以后是氧，物质逐渐向重元素转化，越往后，反应所需要的温度越高。

把核反应理论用在恒星演化上，计算的结果完全符合观测的数据，使恒星演化理论满意地发展起来了。

演化理论

物理定律把恒星内部的运动、能量的产生、转移和消耗同它的温度、压力、密度、成分等因素联系起来了。一个因素的变化要引起其他各个因素的变化。研究天体的演化，就是要研究在物理定律制约下，各种因素怎样互相协调地变化。

这些定律不仅决定了天体演化的性质，也决定了变化速度以及发生质变的条件。

按照天体的实际状态，正确地运用物理定律，进行严格的数学推导和数值计算，得出天体的结构和物理参量随时间变化的情形，这样就得到了天体演化的过程，这就是恒星演化理论的基本方法。

对于恒星，已经弄清楚，在它的起源和演化过程中，要经历以下几个主要阶段：

早期阶段——气体星云在引力作用下形成恒星。

中期阶段——内部进行核反应，使恒星发光，一种核反应接着另一种核反应，直到核燃料消耗完。

归宿阶段——核反应结束以后，在引力作用下，恒星发生激烈的坍缩和爆发，一部分物质被抛射到宇宙空间成为星际气体，剩下的核心坍缩成为各种致密天体。

下面，我们按这种顺序来介绍恒星的演化史。

恒星的早期

星 云

恒星的早期，是由星际气体云聚集成星的阶段。

恒星由星际气体云形成的观念，在康德—拉普拉斯关于太阳系由星云形成的学说产生以后，就自然而然地出现了，因为太阳也是一个恒星。

恒星是否由星云形成，首先要弄清两个问题：第一，宇宙空间是否存在足够多的大质量的星际云；第二，星际云能不能收缩成为恒星，以及怎样收缩成为恒星。

这两个问题不难解决。首先，的确在宇宙空间到处充满着弥漫的星际物质，而且观测到大量的星际云存在。观测到的星云有亮星云和暗星云两种：亮星云是附近恒星照亮或者激发而发光的；附近没有亮星的星云就表现为暗星云。弥漫星云的质量一般是太阳的 10 倍左右。

另一方面，根据理论推算，星云的密度超过一定的限度，就要在引力作用下收缩。这个限度很重要，并不是所有的星云都会聚集成恒星，只有密度足够大的星云才会收缩成星。

星云像恒星一样，绕银河系中心旋转。当它通过银河系的旋臂的时候，旋臂中的激波使它受到强烈的压缩，

星 云

密度增大，突破上面所说的这个极限，就发生引力收缩。于是，恒星的形成开始了。

YUZHOU JIAZU CHENGYUAN DABIPIN

引力收缩

目前大多数研究者认为，形成恒星的原料就是星际弥漫物质。星际物质由于密度不均匀，各部分的湍动速度不一样，密度较大处会像康德所说的那样成为吸引中心，使"天体在吸引最强的地方开始形成"。先形成的是星际云，然后逐渐收缩为恒星。对于恒星光谱中的星际吸收线（由于星际物质吸收恒星的光在恒星光谱上出现的吸收线）进行分析，早在 20 世纪 40 年代就给出了星际云大量存在于星际空间的结论。星际物质的密度级（密度的常用对数）为 −24，星际云的密度级则从 −22 到 −19。星际云的质量从太阳质量的十分之几、百分之几到太阳质量的万倍以上，温度从 10K 到 300K，大部分在 10K 到 50K 之间。小的星际云形成一个恒星，大的星际云则形成几十、几百甚至几万个恒星，形成星团。在密度很低的条件下，星际物质一般只能形成大的星际云，因为只有质量大，万有引力作用才大，自吸引才能够克服热运动所产生的排斥，使云物质聚集在一起，引起收缩。收缩到一定程度，大云可能碎裂为好多小云，每个小云又继续收缩，最后成为恒星。今天观测到的小的星际云，全部或大部分是由较大的星际云碎裂形成的。

在 200 多年前，康德曾认为，整个太阳系是从一个星云主要由于万有引力作用而收缩形成的。在今天看来，康德星云说的这个基本观点是正确的，因为它最能够满意地说明太阳系天体在运动方面和物理结构、化学组成等方面的各种特征。太阳是太阳系的中心天体，质量占整个太阳系的 99.865%。太阳还是一个恒星，如果太阳系的确是由一个星云形成的。那么至少太阳这个恒星是由星云形成的。在银河系里千千万万个恒星中，太阳只是普普通通的一个，所以，

星云收缩

如果不是全部，至少很大一部分恒星是由星云形成的。近 30 年来先后发现的球状体、中性氢云、电离氢云（致密、H II 区）、红外星、羟基源、HH 天体等等，很可能都是从星际云到恒星之间的过渡天体，它们的发现进一步证明了恒星——至少很大一部分恒星——是由星际物质形成的这个论点。

近年来，人们发现星际物质中有好几十种分子，最多的是氢分子（H_2），其次是羟基、水、氨等等。除了原子、分子、离子、电子以外，星际物质中也包含按质量计算占 1% 左右的尘粒（小固体质点），包括硅、铁、镁等及其氧化物，还有水、氨等的冰晶。羟基源是含羟基较多的星际云。球状体是含尘粒较多，已收缩了不少，但还没有开始发光的星际云。星际云由于自吸引而收缩，引力势能转化为动能、热能，内部温度便升高。当内部温度升高到 1000多度时，氢分子离解，氢原子增加很多，星际云便成为中性氢云。当温度升高到 1 万度左右时，氢原子电离，电离氢增多，中性氢云转化为电离氢云。HH天体是半星半云的天体，它也是星际云的一个发展阶段，是比较后期的。接下去，就是金牛 T 型星阶段了。在 1947 年 1 月 20 日用蓝光拍到的猎户座里的一个 HH 天体的照片和约 8 年后在 1954 年 12 月 20 日用蓝光拍到的同一天体的照片，两者有明显的不同。在后一张照片上多了两个凝聚物，它们很可能是恒星的胚胎。在 1959 年用红光拍摄的照片上，这两个新出现的凝聚物就更清楚了。

由此可以推知，恒星演化的第一个阶段就是引力收缩阶段。这个阶段又可以分为两个情况很不相同的部分：快引力收缩阶段（简称"快收缩阶段"）和慢引力收缩阶段。快收缩阶段是从星际云向恒星过渡的阶段。在这个阶段初期它还是星云，不是恒星，后来才逐步转化为恒星胎，也叫原恒星。前面提到的中性氢云、电离氢云、球状体、HH 天体和红外星，都是星际云快收缩阶段的不同时期。在快收缩阶段中，吸引占绝对优势，收缩很快，物质几乎是向中心自由降落，在几万年到上百万年时间内密度就增加十几个数量级，直到内部温度逐渐升高，使排斥这个矛盾方面逐渐成为和吸引可以相比拟。在快收缩阶段内，恒星的能源是收缩时释放出的引力势能。

再进一步收缩，红外星温度达到两三千度，内部的压力增大，接近于和引力相抗衡，收缩就变慢了。于是开始了一个慢收缩阶段。

慢收缩初期，星体表面温度虽然达到两三千度，辐射已经比较强，但是主要辐射仍在红外波段，在可见光区的辐射是暗弱的。

由于压力和引力接近平衡，内部又有强烈的对流，随着收缩自转加快，磁场加强，因而星体处于复杂的矛盾中，发生各种强烈的变动。我们观测到的金牛座 T 型变星就是处于这种阶段的天体，它的红外线很强，亮度做不规则变化，而且往往和星云伴随在一起。

当排斥和吸引这两个对立面接近于平衡时，原恒星就转化为恒星。不过，在一段较长的时期内，吸引仍然是内部矛盾的主要方面，所以刚形成的恒星仍然收缩，但比快收缩阶段要慢得多。恒星处于慢收缩阶段的时间比快收缩阶段时间长得多，质量越小，时间越长。例如，质量等于太阳质量的 15、1 和 0.2 倍，慢收缩时间分别为 6 万、7500 万和 17 亿年。在快收缩阶段，原恒星密度还很小，物质基本上是透明的，即外部物质基本上不吸收内部物质所产生的辐射，因此整个原恒星基本上是等温的。慢收缩开始后，密度级已升高到 -9 或 -8，内部温度已超过 1 万度，原恒星已转化为恒星。这时候，物质不再是透明的，内部形成了温度和密度的分布，越靠近中心，温度和密度都越高。在快收缩后期，辐射主要在无线电波段和红外波段；慢收缩开始时，辐射主要在红光波段，恒星的表面温度为两三千度，后来才升高。在快收缩后期和慢收缩初期，能量从内部转移到外部主要靠对流，而不是靠辐射。到了慢收缩后期，能量的转移才主要靠辐射。

大多数恒星从一开始就有磁场、就在自转着。在慢收缩阶段的大半时期内，恒星内部又有强烈的对流。这三种现象——对流、自转、磁场——结合在一起，常会使恒星外部出现强烈的变动，类似今天太阳上的活动（黑子的出现，各种各样的爆发和粒子辐射、紫外线辐射、X 射线辐射等），但比太阳活动厉害得多，中等质量（太阳质量的 0.8～3 倍）的恒星，在慢引力收缩阶段的一小半时间内会成为金牛座 T 型变星。

在慢收缩阶段，主要能源仍然是收缩时释放出的引力势能。但在慢收缩阶段末期，当内心温度超过 80 万度时，在内部开始出现一些热核反应，这些核反应成为这一阶段除了引力收缩以外的另一种能源。不过这些反应不是循环性的，很快就反应完了，只能在短时期内提供能量。

这一时期星体已经在赫罗图中出现。在收缩中，有一段时间表面温度维持不变，由于体积缩小，亮度反而减暗，于是在图中由上向下行。后来内部温度增加到相当高，传到表面，表面温度升高，于是在赫罗图上开始向左拐。

像太阳这样的恒星，这一阶段大约需要几千万年。质量越大，收缩越快，比太阳大几十倍的星就只要几千年；如果质量只有太阳的几分之一，那就要经历 10 多亿年。不同质量的星在赫罗图上的路径也是不同的。

内部温度升高到 1000 万度左右，质子—质子反应和碳氮循环反应开动起来，恒星内部最丰富的原子——氢原子的聚变这时才成为主要能源，在很长时间内供应能量。恒星的早期便宣告结束了，进入了一个新的阶段。

恒星的中期

主序阶段

恒星中心温度达到千万度级，氢核聚变反应开始，核反应成为主要能源，恒星演化就进入了一个新的时期。这个时期是一个相对平衡期。恒星以内部的氢核聚变成氦核作为主要能源的那个发展阶段就是主序阶段。这是一个相对稳定的阶段，排斥和吸引两个对立面势均力敌，内部压力大致顶住了重力，恒星基本上不收缩也不膨胀。

恒星内部产生的巨大的能量，传递到表面，使表面温度升高，并且向外辐射很强的可见光，能量的产生和损耗也是平衡的。

恒星的质量不同，它们演化的速度和途径也不同。恒星质量越大，内部压力和温度越高，达到氢核聚变所需要的温度的中心区也就越大，因而参加核反应的物质多，产生的能量大。所以质量大的星亮度大、温度高。温度越高，光度越大，能量消耗也越快，停留在主序阶段的时间就越短。比太阳质量大 3 倍左右的星便成为高光度的蓝星，出现在赫罗图的左上角。相反，比太阳质量小的星，参加核反应的中心区小，产生的能量小，因而亮度小、温度低，成为低光度的红星，出现在赫罗图的右下角。按照质量从大到小的顺序，这一阶段的恒星在赫罗图上分布在从左上角到右下角的一条直线上，这就是主星序。太阳目前正处在主序阶段，它在赫罗图上处在主星序的中部。

举例来说，质量等于太阳质量的 15 倍、5 倍、1 倍和 0.2 倍的恒星，处于

YUZHOU JIAZU CHENGYUAN DABIPIN

主序阶段的时间分别为 1000 万年、7000 万年、100 亿年和 10000 亿年。太阳现在的年龄约为 50 亿岁，所以太阳在主序阶段已过去了大约一半的时间，还要过 50 亿年才会转到另一个演化阶段。对于质量小于 1.5 太阳质量的恒星，内部核反应以质子—质子反应为主；对于质量大于 1.5 太阳质量的恒星，内部核反应以碳氮循环为主。对于太阳，目前质子—质子反应约占内部热核反应的 96%，碳氮循环约占 4%。若恒星的质量小于 0.07 太阳质量，内部的温度和密度将不够高来开动氢核聚变反应，它们只能靠引力收缩来发光，不能再收缩时就不发光了。这种恒星不经过主序阶段，而是直接从红矮星转化为黑矮星，成为不发光的天体。0.07 太阳质量是量变转化为质变的关节点。有一种变星称为鲸鱼座 UV 型变星，也称为耀星。这类变星经常发亮，也就是经常爆发，发亮时光增强一二倍到几十、几百倍，最厉害的可增强 1 万倍。这类变星的质量就小于 0.07 太阳质量，它们不经过主序阶段，是目前还在引力收缩的红矮星。它们大多数都是双星的子星。

由于恒星里氢是最丰富的元素，氢核聚变反应可以在很长时间中提供能量，保持恒星强烈的辐射，所以恒星在这一平衡时期停留时间很长。像太阳这样的恒星，在主序阶段要停留大约 100 亿年时间。质量大的星，氢消耗快，在这个阶段停留时间反而比较短。比太阳大 10 倍的星，在主序阶段停留只有几千万年；相反，质量只有太阳几分之一的恒星，在主序阶段要停留上万亿年。

不管怎样，恒星在主序阶段比其他阶段停留的时间都长。所以我们看到的主序星多，可以说大多数恒星都是主序星。这也是赫罗图上主星序上点子特别密集的原因。

主序星（即属于主星序的恒星）的稳定性只是相对的。太阳，从整体说来，是一个很稳定的恒星，它在进入主序以来的 40 多亿年中，光度没有什么变化；如果有过较大的变化的话，这一定会在地球上反映出来。但是，太阳上局部区域在一定时期内会出现很大的变动，这就是太阳活动。太阳活动的规模、释放出的能量比地球上最猛烈的台风和最猛烈的火山爆发都要大得多，但却没有大到足以影响整个太阳的程度。有些早型主序星也会成为不稳定的，例如，它们可以由于某种原因而长时间地抛射大量物质，成为沃尔夫—拉叶星或天鹅 P 型星。自转很快的 B 型主序星会在赤道区抛射物质，形成一个环绕恒星旋转的星云环；由于环里产生发射线，它们被叫作 B 型发射星。一般的 B 型主序星在光学波段只有吸收线，没有发射线。

红巨星阶段

恒星内部越靠近中心，温度越高，核反应进行得越快。所以主序星内部的氢核聚变反应是在中心部分进行的。恒星中心部分的氢逐渐转化为氦，越靠近中心，氢越早消耗完，被合成为氦，这样，在中心部分便出现了一个由氦核组成的核心。

我们知道，当氦核温度超过一亿度，密度超过 10^5 克/厘米^3 的时候会聚变为碳核。但是，主序星内部温度和密度都没有这么高，例如今天太阳中心的温度只有 1500 万度，中心密度只有 100 克/厘米^3 左右，所以，当在主序星内部形成一个同温的氦核心以后，恒星中心部分失去了足以和引力相抗衡的内部压力，就要在引力作用下收缩。收缩的结果，温度和密度都要增高。在中心部分的氢全部转化为氦以后，氢聚变反应停止。

计算结果表明，当同温氦核心的质量达到恒星质量的 10% ~ 15% 之间时，恒星物质的分布会自动地进行调整，核心部分收缩。这种收缩释放出的引力能一部分使核心温度升高，以恢复力学平衡；还有一部分则使外部膨胀，使表面积加大。当围绕着中心区的中介层达到氢反应的温度，在这一层剩余的氢就开始发生核反应。中介层的氢聚变反应会迅速向外层转移，推动外层继续膨胀，使恒星的体积增大几千倍以上。

表面积增大了，可是辐射能的增加赶不上表面积的增加，所以恒星表面的温度降低。同时由于表面积增大，恒星的总光度仍然增加。于是恒星在赫罗图上向右上方移动，而成为温度低、颜色红和体积大、光度高的红巨星。由主序星向红巨星转化所用的时间相对来说是很短的。

由于向外发射的辐射能的增加比表面积的增加要小些，每单位表面积所发出的辐射能反而比以前减少，这样，表面温度降低，主序星便转化为红巨星，恒星在赫罗图上从主序向右方移动。以上就说明了各星团赫罗图彼此间的差别。

恒星在从主序阶段过渡到红巨星阶段的过程中，在氦核心的外围始终进行着氢核聚变反应。这个进行着氢核聚变的壳层逐步向外移动，以保持能量的供

应。当核心收缩到温度高于1亿度、密度高于10^5克/厘米^{3}时，氦核便开始聚变为铍核，铍核又很快和另一个氦核反应，结合成碳核，这两种反应都产生光子。氦核的核反应再度提供极大的能量，使内部压力增高，恒星又比较稳定起来。像太阳这样的恒星要在红巨星阶段停留10亿年左右。

在氦核聚变阶段里，恒星内部的物理状态会发生改变，导致外层的收缩，使恒星表面积减小，表面温度升高。这时恒星在赫罗图上就从红巨星区域转回，向左方移动，结束了红巨星阶段。太阳在红巨星阶段停留的10亿年时间里，光度将升高到今天的好几十倍。到那时候，地面的温度将升高到今天温度的两三倍，北温带夏季最高温度将接近100℃。

脉动和塌缩

经过了红巨星阶段以后，恒星便进入了它的晚年期。

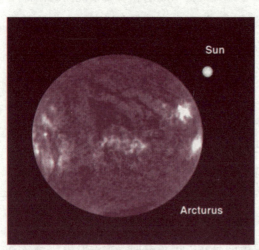

太阳红巨星

晚期恒星在赫罗图上离开红巨星向左移动，在这一时期恒星的一个重要特点便是不稳定。不稳定状态首先表现为脉动——它的大小和亮度发生周期性的变化。我们观测到的造父变星和天琴座RR型星就是处在这种状态的脉动变星。

造父变星、天琴座RR型变星和刍藁型变星为三类脉动变星。直到20世纪60年代，人们才肯定所有的造父变星和所有的天琴RR型变星都是已经经过了红巨星阶段演化的晚期恒星。造父变星属于星族Ⅰ，质量比较大，典型星造父一的质量等于太阳质量的8倍；天琴RR型变星属于星族Ⅱ，目前的质量只有太阳质量的一半左右。在赫罗图上部有一个脉动不稳定区，天琴RR型变星和造父变星都在这个区里面。在这个区里面还有其他类型的脉动变星。

恒星在演化中离开红巨星区域以后就来到这个不稳定区里，由于在该区里发现了不脉动的恒星，所以只能说来到该区的恒星有一部分（多大部分需要继续观测、研究才能够下结论）脉动起来，周期性地膨胀和收缩。

这种恒星的内心在进行着氦核聚变反应，内心温度和密度都很高，外层密度则很低。在表面之下一定深度有一个氦电离区，该区内的温度分布使得一次电离氦原子处于部分地二次电离状态。在外边界处，温度不够高，氦原子不能二次电离；下面一点，由于温度较高，氦原子有一小部分二次电离；越下面温度越高，二次电离的氦原子越多，到了该区的内边界，全部氦原子都二次电离。这个区起了维持脉动的作用。恒星收缩时，热能增加到比对抗吸引所需要的多，多余的部分就转化为电离能储藏起来，二次电离的氦原子增多，电离吸收了热能，使温度不升高。星膨胀时，热能减少，储藏的能量便自动地用来补充，二次电离的氦原子（即氦核）和自由电子复合，回到一次电离氦原子。复合时放出所需要的能量，使温度不降低，脉动得以继续下去。刍藁型变星的表面温度比造父变星和天琴 RR 型变星都要低得多，氦二次电离的区太深，维持脉动的不是它而可能是在它上面的氢电离区。脉动变星须受到小的扰动才能脉动起来，在脉动不稳定区里的那些不脉动的恒星可能就是未受到扰动。

在观测的基础上对恒星脉动的机制进行理论上的探讨还只是近几十年来的事情，主要进展是 20 世纪 60 年代才开始取得的。由于研究的时间短，有许多具体问题还没有解决，需要进一步研究。

再往后，恒星就进入爆发阶段，爆发抛射出来的物质在星的周围形成一个庞大的气壳或气环，看起来好像是星云一样，然而仍然具有恒星的亮度。我们观测到天空中有一些所谓行星状星云，就是这样形成的。

氦反应完了以后，又会发生类似前面的增温过程。温度达到 6 亿度的时候，碳开始发生核反应，结果是转化成氧和镁等元素。碳反应期大约只有 1 万年。碳消耗完了以后，在 20 亿度的时候，氧发生核反应转化成氖、硫等元素。氧反应期就更短了，几乎只有 1 年左右。这些反应一个接一个地进行，每一种元素都转化成比它重的元素，直到最后，温度达到 40 亿度，全部转化成为最稳定的元素铁。剩余的核能在 1000 秒钟里面就用完，达到了 60 亿度的高温，发生极强的中微子辐射，把大批能量带走。恒星的向心引力失去了它的平衡力，坍缩不可避免地就要到来，恒星的晚年就这样结束了。

知识点

中 微 子

中微子又译作微中子，是轻子的一种，是组成自然界的最基本的粒子之一，常用符号υ表示。中微子不带电，自旋为1/2，质量非常轻（小于电子的百万分之一），以接近光速运动。

粒子物理的研究结果表明，构成物质世界的最基本的粒子有十二种，包括了六种夸克（上、下、奇、粲、底、顶，每种夸克有三种色，还有以上所述夸克的反夸克），三种带电轻子（电子、μ子和τ子）和三种中微子（电子中微子，μ中微子和τ中微子），而每一种中微子都有与其相对应的反物质。中微子是1930年奥地利物理学家泡利为了解释β衰变中能量似乎不守恒而提出的，1933年正式命名为中微子，1956年才被观测到。

中微子在自然界广泛存在。太阳内部核反应产生大量中微子，每秒钟通过我们眼睛的中微子数以十亿计。

中微子只参与非常微弱的弱相互作用，具有最强的穿透力，能穿越地球直径那么厚的物质。在100亿个中微子中只有一个会与物质发生反应，因此中微子的检测非常困难。正因为如此，在所有的基本粒子中，人们对中微子了解最晚，也最少。实际上，大多数粒子物理和核物理过程都伴随着中微子的产生，例如核反应堆发电（核裂变）、太阳发光（核聚变）、天然放射性（贝塔衰变）、超新星爆发、宇宙射线等等。宇宙中充斥着大量的中微子，大部分为宇宙大爆炸的残留，大约为每立方厘米100个。1998年，日本超神冈（Super－Kamiokande）实验以确凿的证据发现了中微子振荡现象，即一种中微子能够转换为另一种中微子。这间接证明了中微子具有微小的质量。此后，这一结果得到了许多实验的证实。中微子振荡尚未被完全研究清楚，它不仅在微观世界最基本的规律中起着重要作用，而且与宇宙的起源与演化有关，例如宇宙中物质与反物质的不对称很有可能是由中微子造成的。

　　由于探测技术的提高，人们可以观测到来自天体的中微子，导致了一种新的天文观测手段的产生。美国正在南极洲冰层中建造一个立方千米量级的中微子天文望远镜——冰立方。法国、意大利和俄罗斯也分别在地中海和贝加尔湖中建造中微子天文望远镜。Kam LAND 观测到了来自地心的中微子，可以用来研究地球构造。

　　中微子有大量谜团尚未被解开。首先它的质量尚未被直接测到，大小未知；其次，它的反粒子是它自己还是另外一种粒子；第三，中微子振荡还有两个参数未被测到，而这两个参数很可能与宇宙中反物质缺失之谜有关；第四，它有没有磁矩；等等。因此，中微子成了粒子物理、天体物理、宇宙学、地球物理的交叉与热点学科。

延伸阅读

　　詹姆斯·普雷斯科特·焦耳（James Prescott Joule；1818～1889），英国物理学家，出生于曼彻斯特近郊的索尔福德（Salford）。

　　焦耳自幼跟随父亲参加酿酒劳动，没有受过正规的教育。青年时期，在别人的介绍下，焦耳认识了著名的化学家道尔顿。道尔顿给予了焦耳热情的教导。焦耳向他虚心地学习了数学、哲学和化学，这些知识为焦耳后来的研究奠定了理论基础。而且道尔顿教诲了焦耳理论与实践相结合的科研方法，激发了焦耳对化学和物理的兴趣，并在他的鼓励下决心从事科学研究工作。

　　他的第一篇重要的论文于 1840 年被送到英国皇家学会，当中指出电导体所发出的热量与电流强度、导体电阻和通电时间的关系，此即焦耳定律。

　　焦耳提出能量守恒与转化定律：能量既不会凭空消失，也不会凭空产生，它只能从一种形式转化成另一种形式，或者从一个物体转移到另一个物体，而能的总量保持不变。奠定了热力学第一定律（能量不灭原理）之基础。

　　由于对科学的贡献，他当选为英国皇家学会会员。由于他在热学、热力学和电方面的贡献，皇家学会授予他最高荣誉的科普利奖章。后人为了纪念他，把能量或功的单位命名为"焦耳"，简称"焦"；并用焦耳姓氏的第一个字母"J"来标记热量。

恒星的归宿

恒星的爆发

演化后期的恒星，很大一部分还经过爆发阶段，其规模和猛烈程度超过进

入主星序以前在金牛 T 型星阶段的爆发。对一个既脉动又爆发的晚期恒星，爆发一般发生在脉动以后。爆发方式多种多样。行星状星云就是晚期恒星一种爆发方式的产物。云物质是核星抛射出来的。核星在几万年内大致连续地抛射大量物质。到 20 世纪 60 年代，人们才肯定行星状星云的核星是演化到晚期的恒星，其核心由碳核组成，中层

恒星爆发

有氦，外层有氢。至于爆发原因，目前尚无定论。有一种可能，是中外层的氦和氢落入核心部分，迅速聚变，释放大量能量，引起大量物质的抛射。另一种可能，是核星内氦聚变区域已延伸到外层，当接近恒星表面时，光度迅速增大，辐射压力也随着增大，排斥克服了吸引，成为矛盾的主要方面，导致大量物质的流出和星云的形成。

另几种爆发方式就是超新星、新星、再发新星和矮新星的爆发。它们都比行星状星云核星的爆发猛烈，它们彼此间的差别也主要是爆发的猛烈程度不同。对于爆发较不猛烈的再发新星和矮新星，人们已经观测到多次爆发。它们隔一段时间爆发一次，但时间间隔长短不是固定的，而是变化的。新星也可能再爆发，但时间间隔很长。超新星爆发最猛烈，有的爆发后就全部瓦解，成为

许多碎块和大量的弥漫物质；有的则留下一部分物质，成为一个质量比原来小得多的高密恒星。

恒星演化到晚期，当内心温度升高到几十亿度，密度升高到水的1亿倍以上时，内部会产生大量的中微子。中微子不带电，静止质量等于或接近于零，因此穿透力特别强，在恒星内部产生后很快就跑到恒星外面去，带走很多能量。这种情况可能导致恒星的引力坍缩，恒星以极大的速度收缩，引力能转化为爆发能量。另一种可能的爆发原因是所谓中微子沉淀。从外部收缩进来的物质碰到内部的硬核心时会产生冲击波，冲击波向外传播，经过处会产生密度较大的区域，内部产生的中微子经过这些区域会受到吸收和散射，使它的自由程大大减短。这样，中微子就在外层储存下来，沉淀下来，使外层物质的内能增加，导致外壳的膨胀，出现爆发现象。还有一个可能原因是核爆炸。当恒星内心密度升高到水的几十亿倍时，此时的核反应可能是爆炸性的。上述三种机制较可能是超新星的爆发原因，一部分的新星也可能由于其中一种机制而爆发。但很多新星的爆发可能同它们的双重性有关。近几十年来，人们已确定了30多个新星、再发新星、矮新星和类新星（类似新星的变星）是密近双星，正是这种双重性引起了或促进了恒星的爆发。双星的一个子星是体积小、密度大的蓝矮星或白矮星，它处于退化状态或半退化状态，发生爆发的正是这个子星。另一个子星是黄色的或红色的矮星，当它上面的氢由于另一个子星的引力影响而落入另一个子星时，有可能导致另一个子星的爆发。若表面温度较高的子星为白矮星，由于白矮星的质量有一个上限，表面温度较低的子星的物质落入白矮星，使其质量超过上限时，也会使它成为不稳定的，使它爆发，成为新星。

太阳以外，全天空最强的射电源在仙后座，称为仙后A射电源。在它所在的位置找不到恒星，却找到了很多碎片，它们从一个中心点以7440千米/秒的高速度朝四面八方飞奔。这个速度比人造卫星绕地球转动的速度还大930倍。仙后A射电源是约300年前爆发的一个超新星的遗迹。恒星由于爆发而瓦解，这是恒星结束其一生的一种方式。爆发后形成的碎片和气体又是产生新的恒星的材料。具体的恒星都是有生有灭的，都只写出有限的一段历史。天体的历史则是无限的，永远写不完的。

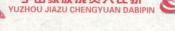

白矮星

核反应结束了，引力成为主要的矛盾方面，于是收缩成为恒星主要的趋势，恒星进入了它的衰亡期。

恒星怎样衰亡，它的归宿怎样，同它本身的质量有很大的关系。

质量小的恒星的衰亡是平静的。在太阳质量 1.3 倍以下的恒星，结局都是白矮星。

这种恒星在引力作用下向心收缩，体积变小，密度增高。它的半径最后缩到 10000 千米以下甚至只有四五百千米，大部分比地球都要小，有的比月亮还小得多。而它们的密度却达到水的几万以至 1 亿倍。

收缩到这种程度，新的平衡就到来了。我们知道，物质的原子中间是带正电的原子核，核外是带负电的电子。按照物理定律，负电和负电相斥，因此电子是不能互相过于靠近的。在密度相当高的时候，电子之间有一种类似于压力的排斥作用，这种作用终于抵抗了引力收缩而趋于平衡。这时星的温度虽然很高，但是因为体积很小，光度也就很弱，所以它出现在赫罗图的左下角上。

白矮星

不同质量的星走向白矮星的道路是不一样的。

质量小于 0.5 倍太阳质量的恒星在氢聚变结束以后就成为白矮星，因为这种恒星的质量太小，内心的温度和密度不可能升高到氦聚变所需要的温度和密度。这种恒星一般不经过红巨星的爆发阶段就直接变成白矮星。

如果恒星原来的质量大于 0.5 倍太阳质量但小于白矮星的临界质量（太阳质量的 1.3 倍），或原来质量在太阳的 3 倍以下，经过爆发抛射剩下的质量在这个范围的恒星，才经过红巨星、脉动、爆发等过程成为白矮星。

如果恒星是双星的子星，那么演化成为白矮星以后还可能爆发。

白矮星的质量比地球大得多，大多等于地球质量的十几万倍，即太阳质量的一半左右，也有大到和太阳质量差不多的。所以白矮星的密度很大，平均密度从 10^6 克/厘米^3 到 10^8 克/厘米^3，中心密度从 10^6 克/厘米^3 到 10^{11} 克/厘米^3。其平均密度等于水的几万倍到 1 亿倍左右，中心密度更高，从水的 100 万倍到 1000 亿倍。密度这样大，使得组成白矮星的物质处于一种特殊的状态，称为退化态。白矮星内部矛盾的排斥方面主要不是热运动所产生的气体压力，也不是辐射压力，而是电子运动所产生的压力，密度很大使得电子的能量加大、运动加快。

白矮星的临界质量和恒星原来的化学组成有关，对于一般的原始化学组成，临界质量为 1.3 倍太阳质量。实际观测到的白矮星中，那些质量能够较准确地定出的白矮星的平均质量只有 0.5 倍太阳质量左右。例如小犬座 α 星的伴星的质量为 0.63 倍太阳质量，波江座 40 星的伴星的质量为 0.45 倍太阳质量。另一方面，发生新星爆发的白矮星的质量则靠近 1.2 太阳质量，而且这种白矮星的周围有一个产生发射线的盘，这表示它们在较快地自转着。这种白矮星由于受另一子星的影响，质量又很靠近临界值，因此爆发了，成为新星或再发新星或矮新星。爆发以后还回到白矮星的形态，或者成为蓝矮星，所以爆发前后都是高密恒星。

白矮星的光度小，只有太阳光度的百分之一到万分之一或更小，所以人们能观测到的白矮星都是离太阳很近的。天狼星（大犬座 α 星）是全天空最亮的恒星，它是一个双星的成员。另一成员被称为天狼伴星，20 世纪初确定它是一个白矮星。到今天已经发现了 1000 个以上的白矮星。目前在 32.6 光年范围内已发现了 100 个白矮星，这表示整个银河系里白矮星非常多，得以亿、十亿计数。

超新星

质量比太阳大 3 倍以上的恒星，它们的衰亡要经过激烈的转变。

这是恒星演化中最有趣的过程之一。

由于它们质量大、引力作用强，在这种情况下，恒星一旦核反应结束，向心的引力失去了它的平衡力，不再是缓慢地收缩，而是迅猛异常地坍缩。

剧烈的坍缩使核心部分压缩到密度极高的状态，同时又向外发出强烈的冲击波，使外层物质猛然向星际空间抛射，这就是超新星爆发。

超新星爆发残骸

超新星爆发的时候亮度急增几千万倍以至 1 亿倍以上，经过几个月时间慢慢变暗下来。剧烈爆发把很大一部分恒星物质抛射到周围的空间中，成为弥漫星云。公元 1054 年（宋至和元年），我国天文学家发现并且详细记载了一颗超新星的爆发。根据当时所记载的位置，正和我们现在看到的金牛星座里的著名的蟹状星云的位置相合。这个星云至今还在以很快的速度向外散开，从它散开的速度推算，它最初从中心开始向外散开，正相当于我国史书上所记载的观测到这颗超新星爆发的年代。所以现在天文学上认为，蟹状星云就是这颗超新星抛射出来的物质形成的。

超新星爆发使恒星完全瓦解，是使天体由凝聚的星态转化为弥散的气态这一质变的转折点。

中子星

超新星爆发以后，中心部分留下的残骸也发生了质变，不再是普通的恒星了。

20 世纪 30 年代，科学家根据原子核理论曾经预言了应该有这样一种中子星存在，但是长时间没有在天空中找到它。直到 1967 年，射电望远镜发现了周期性辐射脉冲电磁波的脉冲星，证明它就是中子星，中子星的存在才得到了观测的印证。

脉冲星是自转很快的中子星，蟹状星云的中心星就是这样的一个高密恒星。有些 X 源也可能是中子星。

中子星的核心部分在坍缩造成的巨大压力下，压缩成为超高密度的状态，密度高达水的百万亿倍。中子星的密度比白矮星还要大，其外层的密度就已经高

达 10^{11} 克/厘米^3，越往里面，密度越大，中心密度大到 10^{14} 克/厘米^3 ~ 10^{15} 克/厘米^3，和原子核的密度差不多。密度这样大，所有的原子核和所有的电子都合为一个整体，电子既不是和原子核结合成原子、离子，也不是自由电子，而是属于所有的原子核，分配能量时是把所有电子都考虑在内。微观粒子有一条规律，限定原子内的任何两个电子不能具有完全相同的运动情况。密度很大的物质好比一个庞大的原子，在其内的电子也应当遵守这条规律，因此很多电子的能量都很大，运动很快，足以打进氢核（即质子）内，和它结合为中子。在这种情况下，原子里原来的核外电子几乎全部被挤到原子核里去，和原来在核里的质子结合成中子。这时候恒星的全部物质就都是中子，恒星便成为中子星。

由于密度大，中子间的距离小，也产生一种排斥作用，能够同引力相对抗，于是坍缩停止。按照角动量守恒的原理，物体体积缩小的时候，转动惯量减小，角速度要加快。中子星在收缩中，自转也加快了。一般恒星自转比较慢，比如太阳，大约每 27 天自转一周。中子星由于高度压缩，缩小到半径只有 10 千米左右，它的自转速度相应地加快到每秒几周到几十周。

同时，由于收缩，磁感线越来越紧密，磁场因而大大加强。中子星的磁场很强，比太阳磁场要强 10000 亿倍。

密度高、体积小、磁场强、自转快，是中子星的突出特点。

中子星的结构和物理性质也是十分特殊的。从中子星中心到半径大约 8 千米的范围里，几乎全是由中子构成的没有内摩擦的超流体；在 8 ~ 10 千米的外层，温度虽然高达 1 亿度，但是由于高

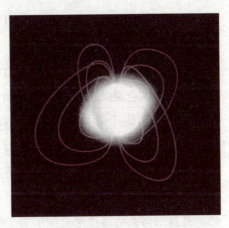

中 子 星

密度物质的熔点极高，这层物质仍然在熔点以下，所以形成一个坚硬的固态外壳。

中子星的温度很高，发出的辐射大多在 X 波段。中子星也可以由于吸积周围的星际弥漫物质而产生 X 辐射。一部分中子星是超新星爆发后的残骸。

超新星爆发时内部温度高达1万亿度，但由于中微子带走大量能量，温度降低很快，1秒钟后就降到100亿度，1000年后降到1亿度。中子星和白矮星一样，都是靠冷却而发光。中子星的温度比白矮星高，能量消耗较快，寿命只有几亿年，而质量等于1个太阳质量的白矮星可以维持10多亿年。

热能消耗完后，白矮星和中子星都转化为不发光的黑矮星。按照恒星的定义（自己发光的天体，质量在 10^{32} ~ 10^{35} 克之间），黑矮星已不再是恒星了，而只是恒星的残骸。恒星的历史，到了黑矮星一形成就结束了。但黑矮星仍然是一个天体，仍然将进一步演化，例如可能由于互相碰撞而破碎，转化为弥漫物质，以后弥漫物质又集聚成恒星。黑矮星也可能在互相碰撞时结合为较大的天体，重新活动起来。也有可能，黑矮星吸积周围的星际弥漫物质，发出 X 辐射和引力辐射（引力波），当吸积的物质足够多时，出现使内部发生重核裂变的条件，使熄灭了的天体重新热起来，重新发光。这些可能性到底如何，还有待于今后的研究来加以证实。

黑　洞

如果恒星的质量超过太阳3倍以上，经过超新星爆发抛射物质以后，剩余的质量仍然大于两个太阳质量的话，那么坍缩的结果就是比中子星密度更高的天体。这是因为这种恒星的向心引力实在大，中子间的排斥作用也不再能抵抗住引力，天体会继续收缩，不断走向更高的密度、更小的体积和更强的引力。当恒星收缩到其几何半径（即一般所说的半径）小于所谓"引力半径"时，恒星就成为所谓黑洞。对于太阳，引力半径等于3千米。

这时候，将要出现十分有趣的情况。

我们知道，天体上的任何物体，如果要脱离这个天体飞离到太空中去，就必须具备足够大的速度来克服引力的作用。天体的质量越大、半径越小，物体脱离它所需要的速度也就越大。

可以想象，对于质量比太阳还大、半径却只有10来千米的中子星和比中子星密度更高的天体，物体要脱离它的速度必定是极高的。在引力极强的情况下，这个速度要用广义相对论代替万有引力定律来推算。对于坍缩的残骸超过两个太阳质量的天体，经过计算，物体从它表面逃走的速度必须超过光速。也就是说，比光速慢的物体都不能脱离这种天体。然而，根据相对论，任何物体的速度都不能超过光速。因此，在这种天体上，任何物体都逃不出来，即使是光也发射不出来了。

这种天体发不出光来，一切东西只能进去不能出来，因此人们把它叫作黑洞。

假设太阳一直收缩，当它的几何半径缩短到等于 3 千米的时候，平均密度高达 2×10^{16} 克/厘米^3，太阳上的引力场将强到使一切辐射都出不来，这时候太阳就成为一个黑洞。质量在恒星质量范围（$10^{32} \sim 10^{35}$ 克）内的黑洞也称为坍缩星。值得注意的是，黑洞的密度并不一定很大。一个半径等于引力半径的球状黑洞，黑洞的密度和它的质量的平方成反比。质量越大，密度越小。太阳成为一个球状黑洞时，平均密度大到 2×10^{16} 克/厘米^3，比中子星还大。但是，对于一个质量等于太阳质量 1 万倍的天体，它变成黑洞后，平均密度只有 2×10^8 克/厘米^3，和白矮星差不多。对于质量为太阳质量 1 亿倍的天体，它变成黑洞后，平均密度只有水的两倍，和正常的中型主序星差不多。

黑洞内部的辐射虽然出不来，但黑洞还有质量、电荷、角动量，它还能够对外界物质施加万有引力作用和电磁作用。物质被黑洞吸积而向黑洞下落时会发出引力辐射；如果被吸积的物质是带电的，还会产生电磁辐射，所以黑洞将是引力辐射源、X 源和 γ 源。一些天体系统（星团、星系和星系团）的动力学质量（根据成员的运

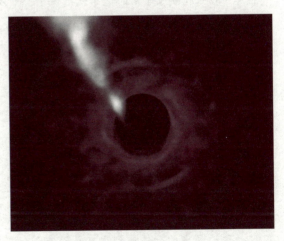

黑 洞 1

动情况推算出的质量）常大于由光学观测所推算出的质量，这表示该天体系统里有不发光的物质，很可能就有黑洞。不少密近双星的光谱里只有一套谱线，称为单线双星，光谱未出现的那个子星就可能是黑洞。发出 X 辐射的单线双星更可能有一个子星是黑洞。天鹅 X－1 这个 X 源就是一个单线双星，周

期5.6天。它的主星是ＢＯ型超巨星，伴星很可能是一个黑洞。Ｂ型子星发出的紫外光子遇到黑洞子星所产生的高能电子时，电子会把能量转移给紫外光子，使紫外光子转化为能量更高的Ｘ光子。

知识点

氦 聚 变

当氦星核中心的温度达到7000万开氏度时，氦被点燃。

氦燃烧把3个氦原子核聚合成一个碳原子核，释放能量为28MeV。由此生成的碳原子核又可吸收一个氦原子核，生成氧原子核。氧原子核还可吸收一个氦原子核，生成氖原子核。不过发生这一反应的概率很低，至于氖原子核进一步吸收氦原子核的概率就更低了，可以忽略不计。恒星的氦燃烧速度比氢燃烧快得多，是氢的11～14倍。对于太阳，氦燃烧阶段只能持续大约10亿年。

延伸阅读

白洞，又称白道，是广义相对论预言的一种与黑洞（又称黑道）相反的特殊"假想"天体，是大引力球对称天体的史瓦西解的一部分。目前，白洞仅仅是理论预言的天体，到现在还没有任何证据表明白洞的存在。其性质与黑洞完全相反。同黑洞一样，白洞也有一个封闭的边界。与黑洞不同的是，白洞内部的物质（包括辐射）可以经过边界发射到外面去，而边界外的物质却不能落到白洞里面来。因此，白洞像一个超级喷泉，不断向外喷射以重粒子为主要形态表现的物质（能量）。白洞学说在天文学上主要用来解释一些高能现象。白洞是否存在，尚无观测证据。有人认为，白洞并不存在。因为，白洞外部的时空性质与黑洞一样，白洞可以把它周围的物质吸积到边界上形成物质层。只要有足够多的物质，引力坍缩就会发生，导致形成黑洞。另外，按照目前的理论，大质量恒星演化到晚期可能经坍缩而形成黑洞，但并不知道有什么过程会导致形成白洞。如果白洞存在，则可能是宇宙大爆炸时残留下来的。有底的称为洞，无底的称为道。

白洞学说出现已有一段时间，1970年捷尔明便提出它们存在于类星体、剧烈活动的星系中的可能性。相对论和宇宙论学者早已明白此学说的可能性，只是这与一般正统的宇宙观不同，较不易获得承认。某些理论认为，由于宇宙物体的激烈运动，或者星系一部分喷出的高能小物体，它们遵守着开普勒轨道运动。这是一种高度理想化的推测，亦即一个地方有几个白洞，在星系核心互相旋转，偶然喷出满天星斗。喷出的白洞演化成新星系。而从星系团的照片中可观察到一系列的星系由物质连接起来。这显示它们是由一连串剧烈喷射所形成的。照此来说，白洞可能会像阿米巴原虫一样分裂生殖，由分裂而形成星系，进而形成星域。然而这又和目前的理论相违背。

由此看来，就是星系生成也有不同见解。有的天文学家便提出并接受宇宙之初便有不均匀物质的结块，而其中便包含了白洞。宇宙向最初奇点收缩，星系、星系群都同一动作，这当然和黑洞的奇点相似。宇宙的不同区域，其密度皆不同，收缩时首先在高密度的地方，达到了黑洞的临界密度，从此消失在视界之后，宇宙不断收缩，使不断出现高密奇点。宇宙成为大量黑洞及周围物质的集合体。然而事实上，宇宙是膨胀而非收缩的，因此它是白洞而不是黑洞。在宇宙整体性原始的大奇点中存在着密度高的小质点，它们随着膨胀向四面八方扩散，大白洞大量爆发生出小白洞。星系等不均匀物体，正是由它生成的。不均匀物体之所以易和黑洞拉上关系，皆是因为它和膨胀现状相对称的宇宙中局部收缩的过程所致。目前宇宙中黑洞和白洞的存在是并行不悖的，是过程的两个端点而已。黑洞奇点是物质末期塌缩的终点，白洞物质的奇点是星系的始端。只不过各过程不是同时，而是先后交错的。

科学家们普遍认为，自从大爆炸以来，我们的宇宙在不断膨胀，密度在不断减少。因此，现在正在膨胀着的天体和气体乃至整个宇宙，在200多亿年（一说168亿年）以前，是被禁锢在一个"点"（流出奇点）上，原始大爆炸

YUZHOU JIAZU CHENGYUAN DABIPIN

后，开始向外膨胀，当它们冲出"视界"的外面，就成为我们看得见的白洞。

与上述相反的一种观点认为，由于原始大爆炸的不均匀性，一些尚未来得及爆炸的致密核心可能遗留下来，它们被抛出以后仍具有爆炸的趋势，不过爆炸的时间被推迟了，这些推迟爆发的核心——"延迟核"就是白洞。

也有人认为，白洞可能是黑洞"转化"而来的。就是说，当黑洞的坍缩到了"极限"时，就会经过内部某种矛盾运动质变为膨胀状态——反坍缩爆炸，这时它便由向内积吸能量，转变为从中心向外辐射能量了。

最富吸引力的一种观点认为，像宇宙中有正负粒子一样，宇宙中也一定存在着与黑洞（负洞）相同，而性质相反的白洞（正洞）。它们对应地共生在某个宇宙膨胀泡的泡壁上，分属两个不同的宇宙。

由于我们的宇宙中存在着10万多个黑洞，同样也可能存在着数目相等的白洞。于是，在宇宙继续膨胀过程中，白洞周围一些质量稍许密集区域就变得更加密集；黑洞周围的一些质量稍微稀薄的区域就变得更加空虚。这些大片空虚的区域就是空洞。

恒 星 家 族

一个典型的星系拥有数千亿颗的恒星，而在可观测的宇宙中星系的数量也超过 1000 亿个（10^{11}）。过去相信恒星只存在于星系之中，但在星系际的空间中也已经发现恒星。天文学家估计宇宙至少有 700 亿颗恒星。如此庞大的家族成员自然很复杂，不同年龄、不同构成、不同搭配的恒星们都有着自己的名称。例如红巨星就是壮年正在走向晚年的恒星，新星则是刚刚形成的恒星，还有像兄弟一样的双星系统，一个个风格迥异的恒星组成了浩瀚而神秘的星空。

双 星

现今观测到的恒星中，约 1/3 的恒星是双星，所以双星系统的形成和演化是恒星演化史不可缺少的部分。

双星的形成有四种可能的方式。第一，弥漫物质里出现两个凝聚核心，后来演化为一对双星。第二，一个恒星由于自转太快而分裂为两个恒星，两个星互相绕转，转动方向就是原来那个恒星的自转方向。第三，一个恒星俘获接近它的另一个恒星，成为双星。第四，大的星际云收缩到一定程度碎裂为许多小云，形成许多恒星；它们刚形成时相距较近，互相俘获的机会较多，因而不仅形成了许多双星，也形成了三合星、四合星、聚星。头三种可能的形成方式可

双 星

概括为 3 个词：共同形成、分裂、俘获。第四种形成方式可以说是第一种和第三种的结合，即共同形成加俘获。今天看来，第四种形成方式最可能正确地反映了客观实在，大多数双星可能是在许多恒星集体形成后由于相距较近而互相俘获形成的。今天观测到星协和年轻星团里有很多成员是双星，金牛座 T 型星和鲸鱼座 UV 型星这两种年轻恒星中的很大一部分就是双星的子星。

两子星相距较近的双星，其子星由于彼此互相影响，演化的方式和速度会和单星不同。质量较大的子星演化较快，到达红巨星阶段时有可能把很大一部分物质转移给质量较小的另一子星，甚至使自己变为两星中质量较小的子星。子星抛射物质会影响两个子星的运动轨道。双星系统在星际空间里运动时可能会和另一恒星相遇，使系统能量增加，有时甚至导致系统的瓦解。

聚星和星团的演化和双星类似。吸引主要是成员星彼此之间的引力吸引，也就是一种自吸引。排斥因素则有好几个。星团成员星的相对运动好比气体内分子的热运动，速度有大有小，经过一段时间后，由于互相接近和碰撞，使得成员星建立了平衡的速度分布，速度最大的成员星会由于速度超过逃逸速度而"蒸发"，离开星团。这种星所带走的能量大于成员星的平均能量，在这过程中星团的逃逸速度越来越小，"蒸发"越来越频繁，星团的瓦解过程逐渐加快。这是排斥因素之一。银河系普遍引力场对星团所施加的"潮汐力"也是一个重要的排斥因素。还有一个排斥因素，就是星团在星际空间里运动时和星际云或恒星相遇，星际云或恒星进入星团，会使星团能量增加，促使星团瓦解。

知识点

逃逸速度

逃逸速度（Velocity of Escape）：在星球表面垂直向上射出一物体，若初速度小于某一值，该物体将仅上升一段距离，之后由于星球引力产生的加速度将最终使其下落。若初速度达到某一值，该物体将完全逃脱星球的引力束缚而飞出该星球。需要使物体刚好逃脱星球引力的这一速度叫逃逸速度，是天体表面上物体摆脱该天体万有引力的束缚而飞向宇宙空间所需的最小速度。例如，地球的逃逸速度为 11.2 千米/秒（即第二宇宙速度）。

逃逸速度还取决于离星球的中心有多远：靠得越近，逃逸速度越大。地球的逃逸速度是 11.2 千米/秒，太阳的逃逸速度大约为 100 英里/秒。如果一个天体的质量与表面引力竟有如此之大，逃逸速度达到了光速，该天体就是黑洞。黑洞的逃逸速度达 30 万千米/秒。一般认为宇宙没有边界，说宇宙中的物质逃离到别的地方去，这样的问题没有意义。因此，说宇宙的逃逸速度也似乎没有意义。

不过，宇宙正在膨胀，即星系都在向远处运动（相互远离），这就存在这样一个问题：如果宇宙的膨胀速度足够大，星系就会克服宇宙的总引力而永远膨胀下去。这就好像星系在逃离一样。这里，膨胀速度也就等同于逃离速度了。

延伸阅读

金牛座，天文符号：♉。面积 797.25 平方度，占全天面积的 1.933%，在全天 88 个星座中，面积排行第十七。金牛座中亮于 5.5 等的恒星有 98 颗，最亮星为毕宿五（金牛座 α），视星等为 0.85。每年 11 月 30 日子夜金牛座中心经过上中天。金牛座也是著名的黄道十二星座之一，而毕宿五就位于黄道附近，它和同样处在黄道附近的狮子座的轩辕十四、天蝎座的心宿二、南鱼座的北落师门等4颗亮星，在天球上各相差大约90°，正好每个季节一颗，它们被合称为黄道带的"四大天王"。

金牛座中最有名的天体，就是"两星团加一星云"。连接猎户座γ星和毕宿五，向西北方延长一倍左右的距离，有一个著名的疏散星团——昴星团。眼力好的人，可以看到这个星团中的7颗亮星，所以我国古代又称它为"七簇星"。昴星团距离我们417光年，它的直径达13光年，用大型望远镜观察，可以发现昴星团的成员有280多颗星。另一个疏散星团叫毕星团，它是一个移动星团，位于毕宿五附近，但毕宿五并不是它的成员。毕星团距离我们143光年，是离我们最近的星团了。毕星团用肉眼可以看到五六颗星，实际上它的成员大约有300颗。

红外源、X源、γ源

近年来，由于红外观测技术的进展和大气外观测方法的运用，发现了许多红外源、X源和γ源。在1969年国际天文学联合会会刊发表的一个表上，曾列出了5000个红外源，其中一部分已认证为红超巨星、红巨星，或者某种变星；一部分为超新星遗迹，如蟹状星云；一部分认证为河外星系；还有一部分是形成中的恒星，表面温度只有几百度。

X源已发现的有100多个，有的是星系，有的是超新星遗迹，有的是恒星。天鹅座X-1（即该星座第一号X射线源）已认证为双星，它的一个子星可能是密度极大的超密星，当另一子星发出的紫外光子碰到超密星发出的高能电子时便转化为X射线光子。

γ源是发出特别强的γ射线的天体，1969年开始被发现，如人马座γ-1。它们的数目还不大。蟹状星云这个超新星遗迹既是射电源，又是红外源、X源、γ源，在它中心的星又是脉冲星（这个脉冲星又是一颗中子星）。

▶ 知识点

脉 冲 星

　　脉冲星，就是变星的一种。脉冲星是在 1967 年首次被发现的。当时，还是一名女研究生的贝尔，发现狐狸星座有一颗星发出一种周期性的电波。经过仔细分析，科学家认为这是一种未知的天体。因为这种星体不断地发出电磁脉冲信号，人们就把它命名为脉冲星。

延伸阅读

　　射电源（radio source）是"宇宙射电源"的简称，是一种能发射强无线电波的天体。发射无线电波的恒星称射电星，是宇宙空间辐射无线电波的分立天体。大多数天体都可能是射电源，已发现的射电源有 3 万多个。射电源类型很多，按视角径大小可分为致密源和展源两类。

　　1931 年，一位名叫扬斯基的美国工程师，在他的无线电接收机上收到了一种来历不明的无线电波。这种电波每天出现，出现的周期正好等于地球相对于恒星自转一周的时间。后来经研究证实，这是来自银河中心的电波。不仅如此，宇宙中的许多天体都像电台一样向外发射较强的无线电波，并能被地球上的射电望远镜接收到，这就是所谓的射电源。

星 云

　　河外星云都是星系，这里只论述银河系内的星云。
　　肉眼能看见的银河星云有猎户座星云。银河星云可以分为两大类：一类是

弥漫星云，像猎户座星云和在人马座里的三叶星云都是弥漫星云，形状不规则。还有一类是行星状星云，一般具有圆的形状，在望远镜里乍看起来像一个行星，所以称为行星状星云。但是，有些行星状星云具有圆环的形状，如天琴座的 M 57 星云。M 是法国天文学家梅西耶（Messier）名字的第一个字母，他于 1784 年发表了一本云雾状天体的表，包含 103 个天体。后来发现，这 103 个天体并不都是星云（包括河外星云），有一部分是星团。M57 就是梅西耶表中第 57 号天体。1888 年丹麦天文学家德雷尔编了一本包含 7840 个星云、星团的表，称为新总表，以 NGC 为符号。M57 是其中第 6720 号，所以也叫 NGC 6720。1895 年和 1910 年出版了新总表的续篇。NGC 7009 这个行星状星云不是圆形的，它像有光环的土星，被称为土星状星云。

除了上述两类星云以外，近年来利用射电天文观测、红外光观测、X 射线和 γ 射线观测，又发现了一些新型的星云。星云同恒星有密切关系，是重要的天体史资料。我们在下面分别简要地介绍各类星云。

星云的种类很多，大致有以下几类：

行星状星云

（1）行星状星云

已发现 1000 个左右行星状星云。大部分行星状星云的中心有一个恒星，称为行星状星云的核星。核星的质量在太阳质量的 1.2 倍到 2.0 倍之间，半径从太阳半径的 0.01 倍到 1 倍；表面温度很高，和恒星一样高，所以是蓝矮星。星云直径从几百天文单位到 1 万多天文单位，质量只有太阳质量的几百分之一到几分之一，平均约 0.2 倍太阳质量。星云物质都在离开中心向外膨胀，速度为 10 千米/秒到 50 千米/秒，平均 30 千米/秒。所以很明显，星云物质是从核星抛射出来的。环状星云是个内部较空的球壳，这是由于核星抛射了一阵物质后就停止了抛射。

（2）弥漫星云

弥漫星云有亮的，也有暗的。亮弥漫星云有些是由于在其内或在其近旁有表面温度很高的恒星来激发它，使星云发出辐射来；有些是由于组成它的尘粒（即固体质点）反射了附近较亮恒星的光。如果弥漫星云里面或附近没有很热的星或亮的星，星云就不发光，在亮的恒星背景上呈现为暗星云。弥漫星云的质量范围很大，从太阳质量的几分之一到几千倍，大多数为太阳质量的 10 倍左右。密度很小，每立方厘米内只有几十个到几百个原子。

弥漫星云

（3）球状体

从 1946 年开始，在一些亮弥漫星云背景上发现了一些圆形暗黑的天体，称为球状体。它们完全不透明，大小从 1000 到 1 万天文单位。目前已发现了几百个球状体。

球 状 体

（4）中性氢云

中性氢原子受到微小激发就会发射出波长为 21 厘米的一条发射线，这条线位于无线电微波波段。在 20 世纪 50 年代，利用 21 厘米波段的射电天文观测发现了不少中性氢云。

（5）羟基源等

近年来，利用射电天文观测发现了星际空间里有很多分子，各种分子也不是均匀分布的，大多聚集在一起。羟基（—OH）在波长 18、6.3、5.0、2.2 厘米处都有发射线，通过在这些谱线处（较常用 18 厘米波段）的观测发现了好些羟基源。同样，星际空间里的水（H_2O）、氨（NH_3）和甲醛（$HCHO$）等分子也是通过射电天文观测发现的，同时也发现了水源、氨源和甲醛源等等。

（6）致密 H II 区

H I 表示中性氢，H II 表示电离氢（即氢核，亦即质子）。星际空间有些部分只有中性氢，称为 H I 区；有些部分只有电离氢，称为 H II 区。H II 区中氢核较密集的地方，就形成致密 H II 区，也就是电离氢云，质量从太阳的一二倍到二三十倍。

（7）HH 天体

这是一种半星半云的天体，是恒星状的亮星云。由于美国天文工作者赫比格和墨西哥天文工作者哈罗首先研究这种天体，所以称为赫比格—哈罗天体或者 HH 天体。已发现的 HH 天体有 40 来个，都在 T 星协内。

星云同恒星有密切关系，行星状星云是恒星抛射出来的物质，它作为星云形式存在只是暂时的，云物质不是离开恒星，参加星际物质，就是落回到恒星。星际物质不算天体，它是星系这类天体的一个组成部分。星际云、弥漫星云、中性氢云、致密 HII 区、球状体、HH 天体等很可能都是从星际物质演化到恒星的过渡阶段，都是形成中的恒星。HI 天体可能是金牛 T 型星的前身。星云的内部矛盾和恒星的基本上一样。吸引主要是自吸引，排斥主要是热运动所产生的气体压力。

知识点 ▶▶▶▶▶

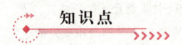

波 长

波长，一个物理学的名词，指在某一固定的频率里，沿着波的传播方向，在波的图形中，离平衡位置的"位移"与"时间"皆相同的两个质点之间的最短距离。波长反映了波在空间上的周期性。在物理学里，波长普遍使用希腊字母 λ（lambda）来表示。

可见光波是指波长从 400nm～760nm 的电磁波。电磁波传播速度的计算公式是：$c = \lambda \times f$。其中 c 是定值，等于 $2.99792458 \times 10^8 \text{m/s}$，约 $3.0 \times 10^8 \text{m/s}$；$f$ 是频率，单位是赫兹（Hz）。

人马座，又名射手座。黄道星座之一。中心位置：赤经19时0分，赤纬 -28°。在蛇夫座之东，摩羯座之西。位于银河最亮部分。银河系中心就在人马座方向。座内有亮于4等的星20颗。弥漫星云M8肉眼可见。

从地球上看去，银河系的中心位于射手座，虽然银心被人马臂上的星云和尘埃带所遮挡，但是人马座的银河仍是非常浓密的，中间还有很多明亮的星团和星云。这个星座中的天体主要是银河深处的宇宙天体，包括发射星云和暗星云，疏散星团和球状星团以及行星状星云。人马座有多达15个梅西耶天体——这是所有星座中最多的。其中很多用双筒望远镜就可以观测到。与银河系中心有关的人马座A是一个复杂的无线电源，天文学家相信它或许包含了一个超大质量的黑洞。

恒星集团

双 星

双星的两个星不仅离得很近，而且互相绕转，每个星都绕两星的质量中心转动。组成双星的两个恒星称为双星的子星，较亮的子星称为主星，亮度较小的称为伴星。在较亮的恒星中，参宿一和参宿七都是双星。已经发现的双星有7万个以上。子星相距很近的双星称为密近双星。对于密近双星可以出现下述几种现象。

第一，两个子星相距很近，所以转动速度较大，因而光谱线会由于多普勒效应而做周期性位移。按照物理学中讲到的多普勒原理，光源接近观测者时，光的波长会变短些，频率会变大些（波长和频率的乘积等于光速这个常数）；光源离开观测者时，波长变长些，频率变小些。当火车经过车站不停，只拉响

双 星

汽笛,我们听到汽笛的声音在火车进站时(接近观测者)很高,像个女高音;火车出站时则突然变低沉了,像个男低音(波长变长),这就是声音的多普勒效应的表现。双星的两个子星互相绕转,如果光谱型差不多,一个在前一个在后朝着垂直于视线的方向转动,那么两个子星的光联合产生的光谱和平常一样。当两个子星转到一个离开我们,一个接近我们,那么每条谱线便由于多普勒效应而从单线变成双线;接近我们的子星的光的波长变短,谱线向波长较短的那头(紫端)移动,这称为紫移;离开我们的那个子星的光的波长变长,谱线向光谱的红端位移,这称为红移。

第二,密近双星的两个子星的轨道面法线如果和视线交成较接近90°的角度,那么两个子星就会互相掩食,这种双星称为交食双星。由于双星作为整体的亮度在变化着,所以成为周期性变星,称为食变星。在织女星(天琴座 α 星)附近的天琴座 β 星,中文名渐台二,就是一个著名的食变星,周期12.9 天。

第三,密近双星的两个子星相距很近,互相施加影响,常交换物质,每个子星的演化都受到另一子星的严重影响。所以密近双星的观测和研究对于研究恒星和恒星史是十分重要的。

聚 星

3 个到 10 来个恒星在一起,组成一个体系,这称为聚星。包含 3 个子星的聚星称为三合星。以 A、B、C 表示这 3 个子星,如果 A 和 B 在一起,C 离 A、B 较远,这种组态比较稳定。这时因为 A 和 B 互相绕转,A、B 的质量中心(质心)又和 C

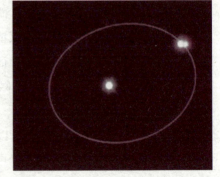

聚 星

互相绕转，所以共有两个开普勒运动。如果 3 个子星彼此间的距离都差不多，则不稳定，容易瓦解。

对于四合星，有 3 个开普勒运动的较稳定；四边型聚星则不稳定。北斗斗柄中间那个星，中文名开阳星，就是一个著名的聚星。用肉眼可以看到开阳星近旁有一个较微弱的恒星，中文名辅星。用望远镜看开阳星，容易看出它本身也是一个双星，两子星相距 14 角秒（开阳星和辅星相距 11 角分）。以 A 和 B 表示开阳星的两个子星，以 C 表示辅星，后来通过光谱分析和光度测量发现，A 和 C 都是密近双星，而 B 是三合星。所以开阳星和辅星一共有 7 个星。北极星也是三合星。

星 团

十几个到几百万个恒星聚在一起所组成的集团称为星团。星团明显地分为两类：一类叫作银河星团，都比较靠近银道面，成员星从十几个到几百个。著名的昴星团，即七姊妹星团，就是一个银河星团，肉眼只看到六七个星，实际上成员星超过 280 个。已发现的银河星团约 1000 个。另一类星团叫作球状星团，成员星从几万个到几百万个，做球状或扁球状分布，越靠近中心，星越密

星 团

集。银河系内已发现的球状星团有 150 多个，估计银河系中一共有 500 个左右。球状星团在银河系内的分布和银河星团完全不一样，不限于银道面附近，而是到处都有，呈大致球状的分布。两类星团的赫罗图也完全不一样。

星 协

星协是一种比较特殊的恒星集团，很稀疏，很可能其成员星原来在一起，后来散开了。星协分为两类：一类叫作 O 星协，主要由 O 型星和 B 型星组成，大致呈球状分布。在 O 星协的中部常常有 1～7 个银河星团。已经发现，6 个离我们较近的 O 星协的成员星在向外运动，速度为 10 千米/秒左右，由此可以

星 协

算出在几百万年以前这些星协的成员星曾聚集在一起。已发现的 O 星协有 50 个。另一类星协叫作 T 星协，主要由金牛 T 型星组成。已发现的 T 星协有 25 个。很多 T 星协和 O 星协在一起。在猎户座中部就有一个 O 星协、4 个 T 星协、4 个星团。

知识点

多普勒效应

　　多普勒效应是为纪念奥地利物理学家及数学家克里斯琴·约翰·多普勒（Christian Johann Doppler）而命名的，他于 1843 年首先提出了这一理论。主要内容为：物体辐射的波长因为波源和观测者的相对运动而产生变化。在运动的波源前面，波被压缩，波长变得较短，频率变得较高（蓝移 blue shift）；当运动在波源后面时，会产生相反的效应。波长变得较长，频率变得较低（红移 red shift）。波源的速度越高，所产生的效应越大。根据波红（蓝）移的程度，可以计算出波源循着观测方向运动的速度。

　　恒星光谱线的位移显示恒星循着观测方向运动的速度。除非波源的速度非常接近光速，否则多普勒位移的程度一般都很小。所有波动现象都存在多普勒效应。

延伸阅读

　　织女星是一个椭球形的恒星，北极部分呈淡粉红色，赤道部分偏蓝。因其自转速度较快（经测定，织女星每 12.5 小时自转一周），所以整颗恒星呈扁平状，赤道直径比两极大了 23%。它位于赤经：18h36m56.3s；赤纬：+38°47m1.0s。

织女星的直径是太阳直径的 3.2 倍，体积为太阳的 33 倍，质量为太阳的 2.6 倍，表面温度为 8900℃，呈青白色。它是北半球天空中 3 颗最亮的恒星之一，距离地球大约 26.5 光年。织女星的光谱分类为 A0V，其温度比天狼星的 A1V 高一点。它仍处于主序星阶段，并通过把核心内的氢聚变成氦来发光发热。此外，织女星的质量为太阳的 2.6 倍，由于质量越高的恒星，其消耗燃料的速度也越快，织女星每秒放出的能量相当于太阳的 51 倍，因此织女星的寿命仅为 10 亿年，即太阳寿命的 1/10。

它是天琴座最亮的星，织女星和附近的几颗星连在一起，形成一架七弦琴的样子，西方人把它叫作天琴座。

星 族

星族的概念

1944 年，德国天文学家巴德观测星系 M31 和 M33 的核心部分，绘成亮星的赫罗图，发现这种赫罗图与银河系球状星团的赫罗图十分类似；星系外围部分的亮星的赫罗图与银河星团赫罗图比较接近。在此基础上，巴德重新提出了星族的概念。

巴德认为，星族是银河系中年龄、化学物质组成、空间分布与空间速度较接近的恒星集合。按照这 4 个分类标准，银河系以及其他旋涡星系的恒星可以分成两大类，称为"星族 I"和"星族 II"。两个星族的差别，明显反映在赫罗图的形状以及最亮恒星的颜色和光度上。

对于星族 I，最亮的恒星是早型白色超巨星；对于星族 II，最亮的恒星是 K 型红橙色超巨星。此外，星族 I 和星族 II 在空间分布和运动特性方面也有不同：星族 I 的恒星集中于星系外围旋臂区域内，银面聚度大；星族 II 的恒星则主要集中在星系核心部分，银面聚度小。

后来研究表明，把所有的恒星划分为两个星族过于简单。1957年，在梵蒂冈举行的星族讨论会上，将银河系里的恒星划分为5个星族。这种划分方法现已为各国天文学家普遍接受。

目前，星族概念被更多地采用。星族概念在研究银河系的起源和演化问题上起着重要的作用。它已成为星系天文学和天体演化学的重要内容。

星族的特点

各个星族都具有自己的特点。首先，各星族的年龄相差很大。晕星族最老（其中，球状星团年龄在100亿年左右）；从中介星族Ⅱ、盘星族和中介星族Ⅰ到最年轻的旋臂星族，年龄依次递减。后者的年龄大多为几亿年，甚至有三五千万年或者更短的。

其次，各个星族在化学组成上也有差别。一般说来，较老的星族所含的重元素百分比，要比年轻星族的低。这种差别可以用恒星演化过程加以解释。恒星进入晚年期后向外抛射物质，使恒星内部核过程所形成的重元素渗入星际物质中去；以后由这种"加浓"物质形成的恒星，其重元素含量就会相应增高。因此，越是年轻的恒星，包含的重元素就越多。

星族的分类

按不同的方法，可以把星族分为不同的种类。

星　族

1. 按恒星在星系里的分布、所处的演化阶段和物理特性，可将它们分为两个星族：

星族Ⅰ分布在银河系和其他旋涡星系的盘状部分和旋臂上，主要是青白色星、主星序里的星和疏散星团里的星。

星族Ⅱ分布在球状星团里、椭圆星系里和旋涡星系的核心部分，包括红巨星、天琴RR型变星和亚矮星。

星族Ⅰ恒星的金属含量比星族Ⅱ多，可能较年轻。在太阳附近，星族Ⅰ恒星主要是沿圆形轨道绕银河系的中心运动，而星族Ⅱ恒星的轨道主要是椭圆形的。

星族Ⅰ，就像太阳包含丰富的比氢和氦重的元素；星族Ⅱ，相对较少且仅含有少量的重元素。天文学家称它们为贫金属星，它们都很古老，但仍旧含有源自第一代恒星的少量碳、氧、硅以及铁。

2. 按银河系所有天体分可分为 5 个星族：晕星族（极端星族Ⅱ），中介星族Ⅱ，盘星族，中介星族Ⅰ（较老星族），旋臂星族（极端星族Ⅰ）。

晕星族分布如一个球状的晕，包住银河系；在银河系恒星聚集较密的盘状部分，当然也有晕星族的天体，但主要是盘星族和星族Ⅰ。晕星族由银河系中最老的天体所组成，其中包括球状星团、亚矮星和周期长于 0.4 天的天琴座 RR 型变星（周期更短的天琴座 RR 型变星属盘星族）。

中介星族Ⅱ的主要代表是垂直于银道面的速度大于 30 千米/秒的高速星，以及周期短于 250 天、光谱型早于 M5 型的长周期变星。

盘星族包括银核内的恒星、行星状星云和新星，以及"弱线星"（光谱中出现较弱的金属线）。

中介星族Ⅰ包括"富金属星"（光谱中出现较强的金属线）和 A 型星。

极端星族Ⅰ集中分布在银道面附近（银面聚度最大）：主要为旋臂中的年轻星，如 O 型星、B 型星、超巨星、一些银河星团和星际物质等。

知识点

重 元 素

重元素，指的是除去氢和氦之外的所有化学元素。一切重元素由氢与氦通过恒星内部核聚变反应产生。在恒星爆发成为超新星之后，重元素会扩散到宇宙空间中去。

由于在宇宙形成初期没有任何重元素，所以早期星体重元素含量很低。每种元素的含量叫作丰度。银河系晕中的球状星团中找到了银河系内年龄最老的恒星，它的重元素相对丰度只及太阳的0.2%。太阳比起它们，可以算是非常年轻的恒星了。

目前发现的最重元素是Uuo。

延伸阅读

沃尔特·巴德（1893—1960），德国天文学家，在美国度过了大部分科研生涯。巴德提出了两类星族的概念，正确区分了两类造父变星，并对宇宙距离的尺度做出了重要的修正。巴德1893年3月24日出生于德国的施勒廷豪森，青年时期曾在蒙斯特和哥廷根大学求学。1919年获得博士学位，随后在汉堡大学的贝格多夫天文台工作。1931年巴德移民美国，在威尔逊山天文台工作。1948年又进入帕洛玛天文台工作，1958年退休。退休后巴德回到哥廷根，1960年6月25日逝世。

1920年，巴德对小行星尔谷做出了有趣的发现。它的轨道一直伸到土星轨道以外，它是当时以及现在已知最远（1977年发现的在土星与天王星之间的一颗小行星大概是最远的）的小行星。

1948年，巴德发现了小行星伊卡鲁斯；它的轨道伸到离太阳大约3000万千米以内，比水星还近，因而是已知最靠近太阳的小行星。

1942年，巴德用100英寸望远镜对仙女座星系详细进行研究，他注意到，这个星系内区最亮的恒星不是蓝白色，而是微红色。巴德觉得有两组恒星，它们有不同的结构和历史。他把星系外围的星叫作第一星族，内区微红色的星叫作第二星族。第一星族的恒星比较年轻，是从旋臂充满尘埃的环境中产生出来的。第二星族的恒星是年老的，是在星系核没有尘埃的区域产生的。

巴德1952年得出了新的周光曲线，在这条曲线上，证明了一定周期的恒星会更加明亮。这意味着，如果仙女座星系旋臂中的蓝白造父变星真是看起来那样暗，那么该星系的距离就一定比哈勃以为的远得多。仙女座星系不是80 万光年远，而是超过 200 万光年。我们自己的星系决不是一个比所有其他星系大得多的特大号，而是普通尺码。比如说，它就比仙女座星系小。

银河系与河外星系

银河系

银河系

银河系在天空上的投影像一条流淌在天上闪闪发光的河流一样，所以古称银河或天河，一年四季都可以看到银河，只不过夏秋之交看到了银河最明亮壮观的部分。银河经过的主要星座有：天鹅座、天鹰座、狐狸座、天箭座、蛇夫座、盾牌座、人马座、天蝎座、天坛府、矩尺座、豺狼座、南三角座、圆规座、苍蝇座、南十字座、船帆座、船尾座、麒麟座、猎户座、金牛座、双子座、御夫座、英仙座、仙后座和蝎虎座。银河在天空明暗不一、宽窄不等，最窄只 4°~5°，最宽约 30°。对北半球来说作为夏季星空的重要标志，是从北偏东地平线向南方地平线延伸的光带——银河，以及由 3 颗亮星，即银河两岸的织女星、牛郎星和银河之中的天津四所构成的"夏季大三角"。夏季的银河由天蝎座东侧向北伸展，横贯天空，气势磅礴极为壮美，但只能在没有灯光干扰的野外（极限可视星等 5.5 以上）才能欣赏到。冬季的那边银河很黯淡（在猎户座与大犬座）。

银河系的发现经历了漫长的过程。望远镜发明后，伽利略首先用望远镜观测银河，发现银河由恒星组成。而后，T. 赖特、I. 康德、J. H. 朗伯等认为，银河和全部恒星可能集合成一个巨大的恒星系统。

20 世纪初，天文学家把以银河为表观现象的恒星系统称为银河系。J.C. 卡普坦应用统计视差的方法测定恒星的平均距离，结合恒星计数，得出了一个银河系模型。在这个模型里，太阳居中，银河系呈圆盘状，直径 8 千秒差距，

银 河 系

厚 2 千秒差距。H. 沙普利应用造父变星的周光关系，测定球状星团的距离，从球状星团的分布来研究银河系的结构和大小。他提出的模型是：银河系是一个透镜状的恒星系统，太阳不在中心。沙普利得出，银河系直径 80 千秒差距，太阳离银心 20 千秒差距。这些数值太大，因为沙普利在计算距离时未计入星际消光。20 世纪 20 年代，银河系自转被发现以后，沙普利的银河系模型得到公认。银河系是一个巨型棒旋星系（旋涡星系的一种），Sb 型，共有 4 条旋臂。包含一两千亿颗恒星。银河系整体做较差自转，太阳处自转速度约 220 千米/秒，太阳绕银心运转一周约 2.5 亿年。银河系的目视绝对星等为 -20.5 等，银河系的总质量大约是我们太阳质量的 1 万亿倍，大致 10 倍于银河系全部恒星质量的总和。这是我们银河系中存在范围远远超出明亮恒星盘的暗物质的强有力证据。

关于银河系的年龄，目前占主流的观点认为，银河系在宇宙大爆炸之后不久就诞生了，用这种方法计算出，我们银河系的年龄大概在 145 亿岁左右，上下误差各有 20 多亿年。而科学界认为宇宙大爆炸大约发生在 137 亿年前。另一说法，银河直径约为 8 万光年。

银河系结构

银河系的总体结构是：银河系物质的主要部分组成一个薄薄的圆盘，叫作银盘，银盘中心隆起的近似于球形的部分叫核球。在核球区域恒星高度密集，其中心有一个很小的致密区，称银核。银盘外面是一个范围更大、近于球状分布的系统，其中物质密度比银盘中低得多，叫作银晕。银晕外面还有银冕，它的物质分布大致也呈球形。

2005 年，人们发现，以哈勃分类来区分，银河系应该是一个巨大的棒旋星系 SBc（旋臂宽松的棒旋星系），总质量大约是太阳质量的 6000 亿至 30000 亿倍，有大约 1000 亿颗恒星。

从 20 世纪 80 年代开始，天文学家才怀疑银河是一个棒旋星系而不是一个普通的螺旋星系。2005 年，斯必泽空间望远镜证实了这项怀疑，还确认了在银河的核心的棒状结构比预期的还大。

银河的盘面估计直径为 98000 光年，太阳至银河中心的距离大约是 28000 光年，盘面在中心向外凸起。

银河的中心有巨大的质量和紧密的结构，因此强烈怀疑它有超重质量黑洞，因为已经有许多星系被相信有超重质量黑洞在核心。

就像许多典型的星系一样，环绕银河系中心的天体，在轨道上的速度并不由与中心的距离和银河质量的分布来决定。在离开了核心凸起或是在外围，恒星的典型速度是 210～240 千米/秒之间。因此，这些恒星绕行银河的周期只与轨道的长度有关。这与太阳系不同，在太阳系，距离不同就有不同的轨道速度对应着。

银河的棒状结构长约 27000 光年，以 44°±10° 的角度横亘在太阳与银河中心之间，主要由红色的恒星组成，相信都是年老的恒星。

银河每一条旋臂都给予一个数字对应（像所有旋涡星系的旋臂），大约可以分出 12 段。相信有 4 条主要的旋臂起源自银河的核心，它们的名称如下：

2 and 8 –3kpc 和英仙臂。

3 and 7 – 矩尺臂和天鹅臂。

4 and 10 – 南十字座和盾牌臂。

5 and 9 – 船底座和人马臂。

至少还有两个小旋臂或分支，包括：

11 – 猎户臂（包含太阳和太阳系在内）。

最新研究发现银河系可能只有两条主要旋臂，人马臂和矩尺臂绝大部分是气体，只有少量恒星点缀其中。

谷德带（本星团）是从猎户臂一端伸展出去的一条亮星集中的带，主要成员是 B2～B5 型星。也有一些 O 型星、弥漫星云和几个星协，最靠近的 OB 星协是天蝎－半人马星协，距离太阳大约 400 光年。

在主要的旋臂外侧是外环或称为麒麟座环，这是天文学家布赖恩·颜尼（Brian Yanny）和韩第·周·纽柏格（Heidi Jo Newberg）提出的，是环绕在银河系外由恒星组成的环，其中包括在数十亿年前与其他星系作用诞生的恒星和气体。

银河的盘面被一个球状的银晕包围着，估计直径在 25 万光年至 40 万光年。由于盘面上的气体和尘埃会吸收部分波长的电磁波，所以银晕的组成结构还不清楚。盘面（特别是旋臂）是恒星诞生的活跃区域，但是银晕中没有这些活动，疏散星团也主要出现在盘面上。

一般认为，银河系中的恒星多为双星或聚星。而 2006 年新的发现认为，银河系的主序星中 2/3 都是单星。

银河中大部分的质量是暗物质，形成的暗银晕估计有 6000 亿至 3 兆个太阳质量，以银核为中心被聚集着。

新的发现使我们对银河结构与维度的认识有所增加，比早先经由仙女座星系（M31）的盘面所获得的更多。最近新发现的证据，证实外环是由天鹅臂延伸出去的，明确地支持了银河盘面向外延伸的可能性。人马座矮椭球星系的发现，与在环绕着银极的轨道上的星系碎片，说明了它因为与银河的交互作用而被扯碎。同样的，大犬座矮星系也因为与银河的交互作用，使得残骸在盘面上环绕着银河。

银河系的物质密集部分组成一个圆盘，称为银盘。银盘中心隆起的球状部分称核球。核球中心有一个很小的致密区，称银核。银盘外面范围更大、近于球状分布的系统，称为银晕，其中的物质密度比银盘的低得多。银晕外面还有物质密度更低的部分，称银冕，也大致呈球形。银盘直径约 25 千秒差距，厚 1～2 秒差距，自中心向边缘逐渐变薄，太阳位于银盘内，离银心约 8.5 千秒差距，在银道面以北约 8 秒差距处。银盘内有旋臂，这是气体、尘埃和年轻恒星集中的地方。银盘主要由星族 Ⅰ 天体组成，如 G～K 型主序星、巨星、新星、行星状星云、天琴 RR 变星、长周期变星、半规则变星等。核球是银河系中心恒星密集的区域，近似于球形，直径约 4 千秒差距，结构复杂。核球主要由星族 Ⅱ 天体组成，也有少量星族 Ⅰ 天体。核球的中心部分是银核。它发出很强的射电、红外、X 射线和 γ 射线。其性质尚不清楚，可能包含一个黑洞。

银晕主要由晕星族天体，如亚矮星、贫金属星、球状星团等组成，没有年轻的 O、B 型星，有少量气体。银晕中物质密度远低于银盘。银晕长轴直径约 30 千秒差距，年龄约 10^{10} 年，质量还不十分清楚。在银晕的恒星分布区以外的银冕是一个大致呈球形的射电辐射区，其性质我们了解得甚少。

银盘是银河系的主要组成部分，在银河系中可探测到的物质中，有九成都在银盘范围以内。银盘外形如薄透镜，以轴对称形式分布于银心周围，其中心厚度约 1 万光年，不过这是微微凸起的核球的厚度，银盘本身的厚度只有 2000 光年，直径近 10 万光年，可见总体上说银盘非常薄。

除了 1000 秒差距范围内的银核绕银心作刚体转动外，银盘的其他部分都绕银心做较差转动，即离银心越远转得越慢。银盘中的物质主要以恒星形式存在，占银河系总质量不到 10% 的星际物质，绝大部分也散布在银盘内。星际物质中，除含有电离氢、分子氢及多种星际分子外，还有 10% 的星际尘埃，这些直径在 1 微米左右的固态微粒是造成星际消光的主要原因，它们大都集中在银道面附近。

由于太阳位于银盘内，所以我们不容易认识银盘的起初面貌。为了探明银盘的结构，根据 20 世纪 40 年代巴德和梅奥尔对旋涡星系 M31（仙女座大星云）旋臂的研究得出旋臂天体的主要类型，进而在银河系内普查这几类天体，发现了太阳附近的三段平行臂。由于星际消光作用，光学观测无法得出银盘的总体面貌。有证据表明，旋臂是星际气体集结的场所，因而对星际气体的探测就能显示出旋臂结构，而星际气体的 21 厘米射电谱线不受星际尘埃阻挡，几乎可达整个银河系。光学与射电观测结果都表明，银盘确实具有旋涡结构。

星系的中心凸出部分，是一个很亮的球状，直径约为 20000 光年，厚 10000 光年，这个区域由高密度的恒星组成，主要是年龄大约在 100 亿年以上老年的红色恒星，很多证据表明，在中心区域存在着一个巨大的黑洞，星系核的活动十分剧烈。银河系的中心，即银河系的自转轴与银道面的交点。

银心在人马座方向，1950 年历元坐标为：赤经 $17°4229$，赤纬 $-28°5918$。银心除作为一个几何点外，它的另一含义是指银河系的中心区域。太阳距银心约 10 千秒差距，位于银道面以北约 8 秒差距。银心与太阳系之间充斥着大量的星际尘埃，所以在北半球用光学望远镜难以在可见光波段看到银心。射电天文和红外观测技术兴起以后，人们才能透过星际尘埃，在 2 微米至 73 厘米波段，探测到银心的信息。中性氢 21 厘米谱线的观测揭示，在距银心 4 千秒差距处有氢流膨胀臂，即所谓"3 千秒差距臂"（最初将距离误定为 3 千秒差距，后虽订正为 4 千秒差距，但仍沿用旧名）。大约有 1000 万个太阳质量的中性氢，以 53 千米/秒的速度涌向太阳系方向。在银心另一侧，有大体同等质量的中性氢膨胀臂，以 135 千米/秒的速度离银心而去。它们应是 1000 万至 1500 万年前，以不对称方式从银心抛射出来的。在距银心 300 秒差距的天区内，有一个绕银心快速旋转的氢气盘，以 70～140 千米/秒的速度向外膨胀。盘内有平均直径为 30 秒差距的氢分子云。

在距银心 70 秒差距处，则有激烈扰动的电离氢区，也以高速向外扩张。现已得知，不仅大量气体从银心外涌，而且银心处还有一强射电源，即人马座 A，它发出强烈的同步加速辐射。甚长基线干涉仪的探测表明，银心射电源的中心区很小，甚至小于 10 个天文单位，即不大于木星绕太阳的轨道。12.8 微米的红外观测资料指出，直径为 1 秒差距的银核所拥有的质量，相当于几百万个太阳质量，其中约有 100 万个太阳质量是以恒星形式出现的。银心区有一个大质量致密核，或许是一个黑洞。流入致密核心吸积盘的相对论性电子，在强磁场中加速，于是产生同步加速辐射。银心气体的运动状态、银心强射电源以及有强烈核心活动的特殊星系（如塞佛特星系）的存在，使我们认为：在星系包括银河系的演化史上，曾有过核心激扰活动，这种活动至今尚未停息。

银河晕轮弥散在银盘周围的一个球形区域内，银晕直径约为 98000 光年，这里恒星的密度很低，分布着一些由老年恒星组成的球状星团，有人认为，在银晕外面还存在着一个巨大的呈球状的射电辐射区，称为银冕，银冕至少延伸到距银心 100 千秒差距或 32 万光年远。

河外星系

银河系以外还有许许多多的天体。在天空中有一种天体，用小型望远镜看，它几乎和银河系的星云差不多，不能分辨。如果用大望远镜看，就会发现，它们不是弥漫的气体和尘埃，而是可以分辨的一颗颗恒星组成的，形状也像一个旋涡。它们是与银河系类似的天体系统，距离都超出了银河系的范围，因此称它们为河外星系。仙女座星系就是位于仙女座的一个河外星系。河外星系与银河系一样，也是由大量的恒星、星团、星云和星际物质组成的。

秋冬之际，天高气爽，夜晚的星星显得特别晶莹明亮。在户外观星时，细心的人会看到，在仙女座中有一小块白茫茫的天体，在猎户座中也有一块更大更亮的天体，它们都像云雾一样，怎么看也不像是一颗恒星。对于这类天体，早先人们不知道它们的本质，就统称之为"星云"。

17世纪，天文望远镜被发明之后，人们很快就发现了不少星云。法国天文学家梅西耶在1786年前后，将所观测到的星云与星团汇集成一个《梅西耶星表》，对每个天体给一个编号，由1号至109号（实际上应为103个，因为有的重复了，有的看错了）。比如猎户座大星云，就叫作M42；而仙女座的那个亮星云叫作M31；在它旁边还有一个小一些的星云，叫M32。"星表"中还有一些星团，如武仙座球状星团，叫作M13。

后来，看到的星云越来越多。1888年，丹麦天文学家德雷尔编制出版了《星云星团新总表》，刊载当时所知道的几乎全部星云与星团，共7840个。这个"总表"（代号为NGC）直到现在仍被广泛使用。目前，随着观测的深入，星云的总数还在不断增加。

那么，星云究竟是什么样的天体呢？

以前有人猜测它是一团发光的气体，也有人猜测它可能是巨大的恒星集团。在早期人们望远镜口径不大的条件下，难以弄清究竟谁是谁非。1924年，当时世界上最大的望远镜（口径为2.5米）在美国威尔逊山投入使用。美国天文学家哈勃在用这台大望远镜观测时，发现了仙女座大星云等好几个星云中有造父型变星。根据造父变星的"周光关系"，可以测定这些星云的距离。哈勃由此得出几个星云的距离在几十万光年以上。这就表明了，这几个星云是在我们的银河系以外的天体。因为银河系的直径不过10万光年，而它们的距离远在10万光年之外。

哈勃用大望远镜还看到不少星云的边缘有恒星。这说明，此类星云是恒星的大集体，应当称之为星系，即像我们银河系一样的星系。到了这个时候，即20世纪30年代，人们已将星云划分为性质完全不同的两类：一为星云，是气体与尘埃的集合体，比如猎户座大星云；另一为星系，是许多恒星与星际物质的巨大集体，比如仙女座大星云，名称仍旧是"星云"，但实际上是星系。

通常将我们银河系外边的星系，称为河外星系。有时省去"河外"二字，而直称"星系"。从河外星系的发现，可以反观我们的银河系。它仅仅是一个普通的星系，是千亿星系家族中的一员，是宇宙海洋中的一个小岛，是无限宇宙中很小很小的一部分。

由于河外星系星星种类繁多，哈勃在 1926 年提出了沿用至今的星系分类法，将星系分为：

椭圆星系

外形呈正圆形或椭圆形，中心亮，边缘渐暗。按外形又分为 E0 到 E7 八种次型。椭圆星系是河外星系的一种，呈圆球型或椭球型。中心区最亮，亮度向边缘递减，对距离较近的，用大型望远镜可以分辨出外围的成员恒星。椭圆星系根据哈勃分类，按其椭率大小分为 E0、E1、E2、E3、……、E7 共 8 个次型，E0 型是圆星系，E7 是最扁的椭圆星系。同一类型的河外星系，质量差别很大，有巨型和矮型之分，其中以椭圆星系的质量差别最大。质量最小的矮椭圆星系和球状星团相当，而质量最大的超巨型椭圆星系可能是宇宙中最大的恒星系统，质量范围约为太阳的千万倍到百万亿倍，光度幅度范围从绝对星等 −9 等到 −23 等。椭圆星系质量光度比约为 50～100，而旋涡星系的质光比约为 2～15。这表明椭圆星系的产能效率远远低于旋涡星系。椭圆星系的直径范围是 1 千秒差距～150 千秒差距。总光谱型为 K 型，是红巨星的光谱特征。颜色比旋涡星系红，说明年轻的成员星没有旋涡星系里的多，由星族 II 天体组成，没有或仅有少量星际气体和星际尘埃，椭圆星系中没有典型的星族 I 天体蓝巨星。关于椭圆星系的形成，有一种星系形成理论认为，椭圆星系是由两个旋涡扁平星系相互碰撞、混合、吞噬而成的。天文观测说明，旋涡扁平星系盘内的恒星的年龄都比较轻，而椭圆星系内恒星的年龄都比较老，即先形成旋涡扁平星系，两个旋涡扁平星系相遇、混合后再形成椭圆星系。还有人用计算机模拟的方法来验证这一设想，结果表明，在一定的条件下，两个扁平星系经过混合的确能发展成一个椭圆星系。加拿大天文学家考门迪在观测中发现，某些比一般椭圆星系质量大得多的巨椭圆星系的中心部分，其亮度分布异常，仿佛在中心部分另有一小核。他的解释就是由于一个质量特别小的椭圆星系被巨椭圆星系吞噬的结果。但是，星系在宇宙中分布的密度毕竟是非常低的，它们相互碰撞的机会极小，要从观测上发现两个星系恰好处在碰撞和吞噬阶段是非常困难的。所以，这种形成理论还有待人们去深入探索。

旋涡星系

太阳系所处的银河系是一个旋涡星系，主要由质量和年龄不尽相同的数以千亿计的恒星和星际介质（气体和尘埃）所组成。它们大都密集地分布在银河系对称平面附近，形成银盘；其余部分则散布在银盘上下近于球状的银晕里。恒星和星际介质在银盘内也不是均匀分布的，而是更为密集地分布在由银河中心伸出的几个螺旋形旋臂内，成条带状。一般分布在旋臂内的恒星，年轻而富金属。而点缀在银晕里的恒星则是年老而贫金属的。其中最老的恒星年龄达150亿年，有的恒星早已衰老并通过超新星爆发将内部所合成的含有重元素的碎块连同灰烬一起降落到银盘上。

透镜星系

在椭圆星系中，比E7型更扁的并开始出现旋涡特征的星系，被称为透镜星系。透镜星系是椭圆星系向旋涡星系或者椭圆星系向棒旋星系过渡时的一种过渡型星系。

不规则星系

外形不规则，没有明显的核和旋臂，没有盘状对称结构或者看不出有旋转对称性的星系，用字母Irr表示。在全天最亮星系中，不规则星系只占5%。按星系分类法，不规则星系分为Irr Ⅰ型和Irr Ⅱ型两类。Ⅰ型是典型的不规则星系，除具有上述的一般特征外，有的还有隐约可见不甚规则的棒状结构。它们是矮星系，质量为太阳的1亿至10亿倍，也有可高达100亿倍太阳质量的。它们的体积小，长径的幅度为2千秒差距至9千秒差距。星族成分和Sc型螺旋星系相似：O–B型星、电离氢区、气体和尘埃等年轻的星族Ⅰ天体占很大比例。Ⅱ型具有无定型的外貌，分辨不出恒星和星团等组成成分，而且往往有明显的尘埃带。一部分Ⅱ型不规则星系可能是正在爆发或爆发后的星系，另一些则是受伴星系的引力扰动而扭曲了的星系。所以Ⅰ型和Ⅱ型不规则星系的起源可能完全不同。

星系的差异

椭圆星系的大小差异很大，直径在3300多光年至49万光年之间；旋涡星系的直径一般在1.6万光年至16万光年之间；不规则星系直径一般在6500光年至2.9万光年之间。当然，由于星系的亮度总是由中心向边缘渐暗，外边缘没有明显界线，往往用不同的方法测得的结果也是不一样的。

星系质量一般在太阳质量的100万至10000亿倍之间。椭圆星系的质量差异很大，大小质量差竟达1亿倍。相比之下，旋涡星系质量居中，不规则星系一般较小。

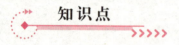

知识点

哈勃太空望远镜

哈勃空间望远镜（Hubble Space Telescope，缩写为HST），是以天文学家爱德温·哈勃（Edwin Powell Hubble）为名，在轨道上环绕着地球的望远镜。它的位置在地球的大气层之上，因此获得了地基望远镜所没有的好处——影像不会受到大气湍流的扰动，视相度绝佳又没有大气散射造成的背景光，还能观测会被臭氧层吸收的紫外线。哈勃太空望远镜于1990年发射之后，已经成为天文史上最重要的仪器。它已经填补了地面观测的缺口，帮助天文学家解决了许多根本上的问题，对天文物理有更多的认识。哈勃的哈勃超深空视场是天文学家曾获得的最深入（最敏锐的）的光学影像。

查尔斯·梅西耶（Charles Messier，1730—1817）是法国天文学家。他的成就在于给星云、星团和星系编上了号码，并制作了著名的《梅西耶星团星云列表》。

梅西耶在一生中总共发现了12颗彗星。

查尔斯·梅西耶分别于1771年、1781年和1784年发表了《梅西耶星团星云列表》的第一卷（M1~M45）、第二卷（M46~M68）和第三卷（M69~M103）。

列在这些表上的天体，都被称为"梅西耶天体"。例如，M31代表仙女座星系。梅西耶考虑到列表的体裁，将二重星（M40）或星团（M45等）也列入其中。

星系团和总星系

初看来，星系的分布是杂乱无章的，但仔细看来，也有成群结队的现象。各个星系之间的距离往往几倍、几十倍于它们本身的大小。如果我们记得各恒星之间的距离比之于恒星本身大小是几千、几万倍，因而恒星之间互相碰撞的可能性极小。对比之下，可以看出，星系的分布是太拥挤了，星系互相碰撞的可能性很大。通过新型望远镜的观测，果然看到有两个大星系正在发生撞击或分离。

星系的外形千姿百态，结构多种多样。如果粗略地分，可分为椭圆形、旋涡形、棒旋形与不规则形。这也是哈勃提出的分类法。星系往往也以其外形来称呼，如椭圆星系、旋涡星系等等。

椭圆星系的外形是椭圆形的，有的比较圆，有的比较扁。

旋涡星系的结构有点像江水中的旋涡。绝大多数的恒星与星际物质分布在中心及几条旋臂上。我们的银河系与仙女座大星云就属于这一类。

棒旋星系是中央有一个棒状形，两头有旋臂。

凡是不属于上述三类的星系，形状不规则，就称为不规则星系。不过此类星系是比较少的。由于光度暗、形体小，所以我们不能发现很远的不规则星系。

各类星系除了形状不同外，还有其内在的差别。椭圆星系里的星大都是红星，可说是年老的"长者"。在旋涡星系和棒旋星系里，既有年轻的蓝星，也有年老的红星。蓝星大都分布在旋臂上，而红星则一部分在核心内，另一部分在球状星团里。旋涡星系和棒旋星系都在旋转着，旋转的速度又都是非常巨大的。我们不会忘记，前面提到的银河系旋转的速度是 250 千米/秒（近测值为 220 千米/秒）！这么快的速度，在我们地球上任何车辆、飞机都是达不到的。而一般的旋涡星系的旋转速度，跟银河系的不相上下。只是椭圆星系与不规则星系似乎都没有绕核心的旋转运动。

近年来发现了不少特殊类型的星系，统称为"激扰星系"或"活动星系"。它们的特点是星系内部发生十分激烈的活动。有的发出强大的无线电波，电波的能量比我们银河系发出的总能量要大上好几倍；有的发出强大的红外光，如果加上可见光与射电波段的能量，这种星系辐射的总能量比银河系的要大上 100 多倍。对于这些激扰星系内的活动，现在了解的还很少，可说是宇宙中的一个谜，有待于揭开。

大大小小的、形形色色的星系组成了一幅壮丽的宇宙图画。星系似乎是成群结队的。我们银河系与邻近的一些星系组成的集体，称为"本星系群"。本星系群的直径约有五六百万光年。其中包括有 40 多个星系。最大的是仙女座大星系 M31、银河系和马菲星系（1971 年意大利天文学家马菲发现的星系，最近的一个距离只有 55000 光年）。

在本星系群之外，空间就空得多了。必须经过几百万光年甚至上千万光年才能遇上另一个星系群。

比本星系群更大一些的星系集团，称为"星系团"。比如在室女座内就有室女座星系团，它是距离我们最近的星系团。星系团中心距离我们约 6200 万光年，它包括了 2500 个各种类型的星系。星系群与星系团没有实质上的差别。一般把 100 个以下星系组成的叫星系群，超过 100 个的叫星系团。现在已观测到 1 万多个星系团，最远的离我们有 70 亿光年。

有人认为，我们的本星系群和附近的星系团、星系群组成一个更大的

"本超星系"。室女座星系团在中央，本星系群在边缘。这个本超星系的直径估计有 2.4 亿光年，它包含大约 50 多个星系群和星系团，总质量为太阳的 1000 万亿倍。

估计，在本超星系之外，可能有其他的星系。那么，整个宇宙中有多少星系呢？这是个很难准确回答的问题。星系是很多很多的。现在用美国巴洛玛山天文台口径 5 米的大望远镜去观测（照相），估计星系的总数有 10 亿个。如果望远镜制造得更大，在空间进行观测，或者就有可能观测到更暗弱的星系，那么，人们看到的星系的总数一定会大为增加。

目前，人类已能探测到 200 多亿光年的宇宙空间，在这里包含有 10 亿个以上的星系，统称为"总星系"。总星系就是目前观测到的宇宙。

如果就天体的空间分布由小到大排列，就有：太阳系→银河系→本星系群→本超星系→总星系。

知识点

能　量

能量是物质运动的量化转换，简称"能"。世界万物是不断运动着的，在物质的一切属性中，运动是最基本的属性，其他属性都是运动属性的具体表现。例如：空间属性是物质运动的广延性体现；时间属性是物质运动的持续性体现；引力属性是物质在运动过程由于质量分布不均所引起的相互作用的体现；电磁属性是带电粒子在运动和变化过程中的外部表现；等等。物质的运动形式是多种多样的，对于每一个具体的物质运动形式存在相应的能量形式，例如：与宏观物体的机械运动对应的能量形式是动能；与分子运动对应的能量形式是热能；与原子运动对应的能量形式是化学能；与带电粒子的定向运动对应的能量形式是电能；与光子运动对应的能量形式是光能；等等。当运动形式相同时，两个物体的运动特性可以采用某些物理量或化学量来描述和比较。例如，两个做机械运动的物体可以用速度、加速度、动量等物理量来描述和比较；两股做定向运动的电流可以用电流强度、电压、功率等物理量来描述和比较。但是，当运动形式不相同时，两个物质的运动特性唯一可以相互描述和比较的物理量就是能量，即能量特性是一切运动着的物质的共同特性，能量尺度是衡量一切运动形式的通用尺度。

延伸阅读

仙女座，是全天88个星座之一，位于大熊座的下方、飞马座附近。仙女座因仙女座大星系M31而闻名。

M31（仙女座星系）——这个星系距地球250万光年，是我们裸眼可见的最远的天体。仙女星系比我们的银河系大，它由4000亿颗以上恒星组成。如果仔细观察可以看到它的一些结构，包括一个大星云和至少两个尘埃带。核心部分非常明亮。

M32——在M31的核心的南面，是一个小的、圆的、非常密集的椭圆星系。

M110——在M31的西北面，比M32略微暗弱，但是更大、更长的星系。

宇 宙

浩瀚无垠的天空以及那些闪闪发光的星星是怎样产生的？各个民族、各个时代都有着种种关于宇宙形成的传说。比如盘古开天辟地、女娲炼石补天等优美的神话故事和上帝6天造出天地万物的宗教观念。不过那都是建立在想象和猜测基础上的。现在，科学技术有了巨大的飞跃，我们的认识已超出地球、太阳系、银河系的范围，而关于宇宙的诞生和形成，也有了较为明晰的观念。

当代天文学的研究成果表明，宇宙是有层次结构不断膨胀、物质形态多样、不断运动发展的天体系统。

最初的宇宙是超高温、高密度的"一点"。大约180亿年前，这"一点"突然爆炸了，仅用10~36秒，伴随着真空宇宙相转移的过冷却现象，"一点"在瞬间几十个数量级地膨胀，成为一厘米规模的宇宙。其后宇宙继续膨胀，温度从几十亿摄氏度开始下降，大约在5500万摄氏度时，由降温过程的能量生成中子、质子，它们又合成原子核，这些过程仅有3分钟。约30万年后，当宇宙的温度下降到3000℃时，自由电子被原子核捕捉形成原子。在随后的大约3000万年中，那些原子继续向外膨胀。宇宙也继续冷却，到宇宙温度降至绝对零度之上167度时，原子开始化合，形成稀薄气体。此后因密度波动、引力作用等开始向新的天体进化。大爆炸后30亿年，最初的物质涟漪出现。大爆炸后20亿至30亿年，类星体逐渐形成。大爆炸后100亿年，太阳诞生。38亿年前，地球上的生命开始逐渐演化。

大爆炸散发的物质在太空中漂游，由许多恒星组成的巨大的星系就是由这些物质构成的，我们的太阳就是这无数恒星中的一颗。原本人们想象宇宙会因引力而不再膨胀，但是，科学家已发现，宇宙中有一种"暗能量"会产生一种斥力而加速宇宙的膨胀。

大爆炸后的膨胀过程是一种引力和斥力之争：爆炸产生的动力是一种斥力，它使宇宙中的天体不断远离；天体间又存在万有引力，它会阻止天体远离，甚至力图使其互相靠近。引力的大小与天体的质量有关，因而大爆炸后宇宙的最终归宿是不断膨胀，还是最终会停止膨胀并反过来收缩变小，这完全取决于宇宙中物质密度的大小。

理论上存在某种临界密度。如果宇宙中物质的平均密度小于临界密度，宇宙就会一直膨胀下去，称为"开宇宙"；如果物质的平均密度大于临界密度，膨胀过程迟早会停下来，并随之出现收缩，称为"闭宇宙"。

问题似乎变得很简单，但实则不然。理论计算得出的临界密度为5×8^{-30}克/厘米^3。但要测定宇宙中物质平均密度就不那么容易了。星系间存在广袤的星系间空间，如果把目前所观测到的全部发光物质的质量平摊到整个宇宙空间，那么，平均密度就只有2×10^{-31}克/厘米^3，低于上述临界密度。

然而，种种证据表明，宇宙中还存在着尚未观测到的所谓暗物质，其数量可能远超过可见物质，这给平均密度的测定带来了很大的不确定因素。因此，宇宙的平均密度是否真的小于临界密度，仍是一个有争议的问题。不过，就目前来看，开宇宙的可能性大一些。

恒星演化到晚期，会把一部分物质（气体）抛入星际空间，而这些气体又可用来形成下一代恒星。这一过程中气体可能越来越少（并未确定这种过程会减少这种气体），以致不能再产生新的恒星。10^{14} 年后，所有恒星都会失去光辉，宇宙也就变暗。同时，恒星还会因相互作用不断从星系逸出，星系则因损失能量而收缩，结果使中心部分生成黑洞，并通过吞食经过其附近的恒星而长大（根据质能守恒定律，形成恒星的气体并不会减少，而是转换成其他形态，所以新的恒星可能会一直产生）。10^{17} 年至 10^{18} 年后，对于一个星系来说只剩下黑洞和一些零星分布的死亡了的恒星，这时，组成恒星的质子不再稳定。10^{32} 年后，质子开始衰变为光子和各种轻子。10^{71} 年后，这个衰变过程进行完毕，宇宙中只剩下光子、轻子和一些巨大的黑洞。

10^{108} 年后，通过蒸发作用，有能量的粒子会从巨大的黑洞中逃逸出。宇宙将归于一片黑暗。这也许就是开宇宙"末日"到来时的景象，但它仍然在不断地、缓慢地膨胀着。但质子是否会衰变还未得到结论，因此根据质能守恒定律，宇宙中的质能会不停地转换。

闭宇宙的结局又会怎样呢？闭宇宙中，膨胀过程结束时间的早晚取决于宇宙平均密度的大小。如果假设平均密度是临界密度的 2 倍，那么根据一种简单的理论模型，经过 400 亿至 500 亿年后，当宇宙半径扩大到目前的 2 倍左右时，引力开始占上风，膨胀即告停止，而接下来宇宙便开始收缩。

以后的情况差不多就像一部宇宙影片放映结束后再倒放一样，大爆炸后宇宙中所发生的一切重大变化将会反演。收缩几百亿年后，宇宙的平均密度又大致回到目前的状态，不过，原来星系远离地球的退行运动将代之以向地球接近的运动。再过几十亿年，宇宙背景辐射会上升到 400 开，并继续上升，于是，宇宙变得非常炽热而又稠密。在坍缩过程中，星系会彼此并合，恒星间碰撞频繁。

这些结局也只是假想推论的。

近几年来，一批西方的天文学家发表了关于"宇宙无始无终"的新论断。他们认为，宇宙既没有诞生之日，也没有终结之时，而就是在一次又一次的大爆炸中进行运动，循环往复，以至无穷。至于"宇宙无始无终"的新论断是否正确，科学家认为，过几年国际天文学界可望对此做出验证。

使用整个星系作为透镜观看其他星系，目前研究人员使用一种精确方法测量了宇宙的体积大小和年龄，以及它如何快速膨胀。这项测量证实了哈勃常数的实用性，它指示出了宇宙的体积大小，证实宇宙的年龄约为 137.5 亿年。

研究小组使用一种叫作引力透镜的技术测量了从明亮活动星系释放的光线沿着不同路径传播至地球的距离，通过理解每个路径的传播时间和有效速度，研究人员推断出星系的距离，同时可分析出它们膨胀扩张至宇宙范围的详细情况。

以前科学家们很难识别宇宙中遥远星系释放的明亮光源和近距离昏暗光源之间的差异，引力透镜回避了这一问题，能够提供远方光线传播的多样化线索。这些测量信息使研究人员可以测定宇宙的体积大小，并且天体物理学家可以用哈勃常数进行表达。

KIPAC 研究员菲尔 – 马歇尔（Phil Marshall）说："长期以来我们知道透镜能够对哈勃常数进行物理性测量。"而当前引力透镜得到了非常精确的测量结果，它可以作为一种长期确定的工具提供哈勃常数均等化精确测量，比如：观测超新星和宇宙微波背景。他指出，引力透镜可作为天体物理学家的一种最佳测量工具测定宇宙的年龄。

宇宙的形状现在还是未知的，人类在大胆想象。有的人说宇宙其实是一个类似人的这样一种生物的一个小细胞；也有人说宇宙是一种拥有比人类更高智慧的电脑生物所制造出来的一个程序或是一个小小的软件，宇宙其实就是一个电子，宇宙是一个比电子更小得多的东西，宇宙根本就不存在，或者宇宙是无形的。

当前，宇宙学的研究者正在讨论：宇宙是否真的在膨胀？膨胀之后，会不会收缩？如果真的在膨胀，那么将各星系往回缩，它们就可能汇集成一个很小的核，这么推想，就有人提出"宇宙爆炸论"。说是在很遥远的过去，有一个密度极其巨大而体积甚小的核，突然发生爆炸了，后来就逐渐扩散形成了现在观测到的各个星系与行星等。宇宙大爆炸的说法，还存在不少问题，需要进一步证实。而上述两个争论的问题，目前并没有结束。

知识点

宇　宙　学

　　宇宙学（Cosmology），就是从整体的角度来研究宇宙的结构和演化的天文学分支学科。自古宇宙的结构就是人们关注的对象，历史上曾出现过各种各样的宇宙学说。中国的如浑天说、盖天说和宣夜说。其他国家的如古希腊阿利斯塔克的日心说、统治中世纪欧洲1000多年的地心说、16世纪波兰哥白尼的日心说等。牛顿力学创立以后，建立了经典宇宙学。到了20世纪，在大量天文观测资料和现代物理学的基础上产生了现代宇宙学。

　　现代宇宙学包括密切联系的两个方面，即观测宇宙学和理论宇宙学。前者侧重于发现大尺度的观测特征，后者侧重于研究宇宙的运动学和动力学以及建立宇宙模型。

延伸阅读

　　宇宙大爆炸，简称大爆炸（英文：Big Bang），是描述宇宙诞生初始条件及其后续演化的宇宙学模型，这一模型得到了当今科学研究和观测最广泛且最精确的支持。宇宙学家通常所指的大爆炸观点为：宇宙是在过去有限的时间之前，由一个密度极大且温度极高的太初状态演变而来的（根据2010年所得到的最佳的观测结果，这些初始状态大约存在于300亿至230亿年前），并经过不断的膨胀与繁衍到达今天的状态。